父母的第二次轉大人

放下「好爸媽」的偶像包袱！
透過情緒覺察撫平內心脆弱與憤怒，
轉化育兒難題，看見陪伴的各種可能性！

陳其正（醜爸）——著

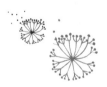

我願陪你飛

孩子始終是要飛的
也許像蝴蝶般輕巧翩翩
像蒼鷹般踞傲高翔

「好吧孩子，」
我們對自己說
「你選擇生命的主題，
決定飛翔的模樣；
而我，是永遠的粉絲，

用無條件的陪伴守護著你。」

風起　孩子想飛了
我們卻發現
原來自己怕高

驚慌失措　擔心害怕
我們尖聲要孩子等等
等我們喘口氣、定下心

啊　孩子你不能飛
媽媽爸爸還得先練練膽子
肯定需要裝備
最好買個保險

風起　孩子想飛了
我們卻發現
原來自己怕高

孩子　你確定已經準備好了？
孩子　你知道怎麼降落嗎？
孩子　飛這麼遠知道怎麼回家嗎？
孩子　十次意外九次快啊
孩子　GPS 有充電，Google Map 會查嗎？
孩子　路上很多壞人要小心啊

孩子　孩子
能不能等等我
能不能想想我

能不能為我
能不能……

陪你飛之前
我要不怕高

我想陪你一起　站在高處
不一定知道要飛往何處
但我們可以昂首遠眺　充滿好奇與想像
縱身一跳　迎接冷風雪霜

我願意面對自己的恐懼
我願意梳理紛亂的期待
我願意真誠地欣賞自己

我願意接納自己的脆弱
我願意照顧心裡發抖的小孩

孩子始終是要飛的
也許像蝴蝶般輕巧翩翩
像蒼鷹般踞傲高翔

願我陪著你
像你要的那樣陪著你
飛翔

目次

輯四　成長的衝突

附錄　成長的故事

推薦序

一本化教養於無形的「轉大人」祕笈

羅怡君

明明名字堂堂正正的，誰會沒事叫自己「醜爸」呢？

一如作者的文字書寫「口氣」令人耳目一新，能以「醜爸」字號走跳江湖，那代表著兩件事，要嘛這人超級無敵自信、要嘛這人非常策略思考——反其道而行，就是要讓人印象深刻！

不論是哪種原因，都充分顯示此人「心機」極深，這種特質正好符合當天下父母們狗頭軍師的完美資格：飽讀各類詩書又能深入簡出、談笑之間虧人人家還道謝；而在下我能有機會寫這篇推薦序，想必也有「封口」的意味才對。

讀這本書的閱讀經驗新鮮，不像其他的教養書一本正經（對，包括我自己的在內），翻書時會感覺醜爸坐在對面聊天一樣，總是知道別人內心的OS在嘟囔什麼，下一段文字馬上釋疑解惑，「3D立體想像」效果十足，也建立醜爸個人在教養界的獨特風格。

和醜爸認識沒多久後便一見如故，我們會一起討論許多書籍、一起抱怨現在流行的教養風氣（硬要拉人下水的概念）、一起互虧對方練口才不傷友情（比如說：書到底寫完了沒？為什麼要假裝文筆很好拖那麼久？），然而我知道，書裡四兩撥千斤的化骨綿掌功力，來自於醜爸不斷自我精進的思考心得，更是長期耕耘線上讀書會陪伴家長們抽絲剝繭、療癒成長的豐碩成果。

我也特別推薦書裡加黑標示的「金句」，每讀到這些句子，總能讓我駐足一會兒，停下來細細咀嚼，啟發我思考更多面向的問題。例如：「陪你飛之前，我要不怕高」，不僅點醒父母「即使有陪伴，要求仍然是要求」，在要求孩子之前是否已想清楚做好準備？除此之外也給我另一個思考點：父母自身的格局高度（在此比喻為怕高的程度），也許也是影響孩子飛翔的重要因素之一，父母的陪伴小心千萬別變成「隱形的天花板」。

再來一個有感金句：「覺察自己可以做其他選擇，並不表示自己做的就是最好的選擇。」往往聽完演講、上完課之後，許多家長有衝動想改頭換面重新開始，但卻忽略整個家庭的脈絡與人的慣性，反而容易引發更多指責、爭吵與誤解，於是錯誤的嘗試導致錯誤的結論，一旦心灰意冷便再也提不起學習教養的動力了。長期陪伴父母「走完全程」的醜爸，也在書裡特意闢章節說明做選擇時需要參考的背景資訊，是非常誠懇務實的良心建議。

最重要的是醜爸告訴我們，父母也是善惡兼備的凡人，我們的目標才不是往「聖人」的路上，而是「接受目前的觀點，但保持開放的狀態」；重點不是「外在的改變」，而是「內在的整理」……。這些釋放家長的關鍵觀念，讓我們深深吐納一口氣，打通瘀血氣絕的痠痛穴道，是不是頓時之間也覺得六根清淨下來？

除此之外，相信讀者們跟我一樣很快就注意到，醜爸將「父母」改為「母父」的特殊寫法。Bingo！沒錯，就是跟你我想的一樣，觀察台灣目前的育兒環境與風氣文化，教養的責任仍大多落在母親肩上，即使是隔代教養，日常生活照料也多是祖母或外婆，因此孩子們初步對這世界形成的價值觀與看法，其實受到母親極大的影響。「母父」一詞的意義，讓我想到某條步道上曾看過的趣味告示牌，意思大概是：「只要讓媽媽開心 全家就會幸福」啊！

走筆至此回顧這推薦序，發現怎麼一點都不像我過去寫的文章？才驚覺不過讀醜爸一本書就被深深影響，這種立竿見影的效果也在我身上應驗！各位看官啊，這是一本有溫度、有特效的好書，不親身經歷一次「被潛移默化」的力量，怎麼學得會不露痕跡的改造絕招呢？

自序——

我從孩子身上學習轉大人

未成為爸爸、還是醜哥時，我對教養的一知半解大概就是「身教」。

身教二字一出，總是擲地有聲，無論年紀宗教種族黨派護家盟，莫不點頭稱是，給個讚還加你ＩＧ。畢竟道理誰都會說，要以身作則以身試法以身相許，都是極不容易的事。連孔老夫子都說：「子帥以正，孰敢不正」，上位者若修身作表率，下面的人就摸摸鼻子皮繃緊了。身教之威，可謂歷久彌新！

那身教怎麼做？不難，小時候生活與倫理公民與道德三民主義就算沒拿個87分也及格歐趴；不然找個智勇雙全文武兼備的人才好好研究模仿應該雖不中亦不遠矣，好歹醜哥我雖不玉樹臨風但也不至於兩袖清風，裝個樣子應該不成問題。

結果……變成醜爸後才發現完～～～全不是這麼一回事！

原來，我說得太多，我想得太深，我背得好重，我活得太快，我看得太遠。孩子在我眼前，活靈活現，真情以待，我卻困在自己的「模範爸爸這樣做」內心角色劇場，不能自拔。如果不夠努力，怎麼能給孩子身教？我必須成為一個更好的人啊，不是嗎？

不管變成什麼人，都是再一次「轉大人」

我們在青春期經歷了一次「轉大人」，每個人的歷程長短不一，難易有別，但共同的目標都是奮力離開父母、卻又嘗試保持連結，學習完全不同以往的人我關係。「轉大人」代表的是一個生命重新學習怎麼面對自己，和帶著這個自己來面對他人。

現在，我們要帶著成熟的自己，從和孩子建立緊密到黏TT的連結，到慢慢鬆開，恭祝他們迎向自己的轉大人。但，我們的第一次轉大人不總是順暢，好像只是把過去的傷痛草草挖個洞埋了，穿上光鮮的成熟外衣，卻不曾正視仍滲著血的破舊內裡；然而，陪伴一個小孩轉大人，沒有紮實的硬底子，陪到一半會不會來個兩敗俱傷？難以預料。

成為父母、練出能承接另一（幾）個生命的硬功夫，也是種轉大人的歷程吧！第二次的轉大人該是什麼樣貌？我們該如何面對自己，帶著什麼樣的自己面對孩子、伴侶？也許應該成為更好的人？還是，成為「真」的人——活生生的靈魂，有溫度、流動的情感，悠然自處於當下，把孩子的小事當一回事，而非執著於「心裡自以為是的大事」的馬迷、把比？

但這其實很可怕啊！要先檢查有多少「莫名其妙的爸爸尊嚴」，還要敲出腦袋那些自以為是的「爸爸都是為你好」，更要把對你們的期待理一理，清出偷渡進去屬於我的失落與妄想……還有還有，在你們選擇冒險時，我是會大喊衝啊寶貝，還是你敢去就給我試試看?!

這麼可怕的事，卻已經在路上了，而且好像還不能回頭呢（囧）。因為孩子啊，爸爸知道總有一天，你們會不顧一切（好吧，至少是不顧我）的展翅飛去。我想，至少可以陪在你們身邊，一起欣賞風景。要成為好相處的旅伴，我應該要具備一切所需的飛行技術？即使退而求其次，就算不敢飛，也至少能不怕高，免得影響旅途中彼此的心情。

你們是上帝絕美的造物，自我靈魂的主體，大千世界的祝福，為此，我只能咬緊牙，勇敢往上爬。

願我擁有第二次轉大人的勇氣，以愛之名。

本書使用進程簡介

此書的主軸是自我成長，而且是「父母的自我成長」。內容並非心理學理論雜燴，也不是任何個人的成長趣談，除了最後一部分，都是我這五年每分每刻與母父們一起奮鬥的結晶。當中提到的一些方法也許不容易執行，但絕不是紙上談兵，也不只是一、兩個人的經驗；介紹的概念也非因為潮流或風向才選入，而是和你一樣的母父深感受用，期盼你也能有所收穫。

分為五大部分，成長的準備、成長的養分、成長的行動、成長的衝突、成長的故事，簡介如下：

成長的準備

心靈成長不似生理成長，吃得不太好至少也能長出些肉來；誤食偏差心靈糧食、吃太急太快、只吃不消化，不但毫無益處，還會對生活造成負面影響。最常見的偏差觀念是抱持著效能、問題解決導向，期待學習自我成長課程可立即解決日常難題，甚至調整人格、端正品行，最好還能做場心靈SPA，人生從此美輪美奐香味撲鼻。實際上，自我成長剛好與效能、問題解決導向相反，強調的是關係上的重建、修復與延展，讓一個更成熟、擁有健康界線的自我可以為人生負責。沒有時間軸、也沒有效能數據，是一段不停止的旅程。

自我成長不是成為人生勝利組的捷徑，不強調消滅缺點、發揚優點。請放下你的對錯、評斷、優劣、好壞二分法模式，接觸自己，清楚端詳你的每一部分，無所謂優點缺點。無論本來給自己打了幾分，我們重新開始。

走上自我成長之路也不需要成為學霸，飽讀心理社會教育各大門派。自己，是你要關注的對象，至少在旅程一開始，學習聆聽自己，無論是無助的吶喊、還是成長的歡呼，都是內心的聲音。

成長的養分

與後面的【成長的行動】可說是上、下兩集，只是【成長的行動】更著重「在日常中做些什麼」，【成長的養分】強調與自己的過去連結，轉化兒時經驗，調整自己面對未來時更具備彈性、願意開放自己。

也許在原生家庭，我們即不被鼓勵重視自己的需求，努力想得到長輩們的認同，卻在不公平的前提下和手足競爭，在父母同時承受生活壓力時我們也渴望關注，這些身為孩子的正常呼求，當時卻可能為我們惹來責罰。經年累月、周而復始，我們學到自己是不夠好的，即使父母的本意並非在否定我們。

到了學校、接觸更廣大的社會，我們帶著在原生家庭裡學到的低自我價值，但我們並不放棄，努力尋求外在條件來肯定自己。分數、學歷、職業、位階、薪資，都讓我們看見自己的不同凡響；縱使職場不漂亮，也嘗試和家人拉開空間，大口喘息，建立自己的小圈圈。過去的被否定似乎遠離，不再相干。

進入婚姻、懷抱著孩子時，才發現外在的肯定無法安撫不自覺的焦慮，刻意忽視的低自我不曾遠離還步步靠近。強大的學識魄力溝通力執行力無法帶進育兒裡，失去化危機為轉機的神力；再多的成功經歷無法讓我們接住孩子的情緒，因為我們從未照顧脆弱的自己。現在為了與孩子同悲共歡，這是人生第一次，好好面對真實的那個你。

你，好似初發的新芽，鼓動每個細胞吸收成長的養分，以愛之名。

成長的行動

探索原生家庭、照顧內在小孩的同時，我們也需要在生活上有實際行動。這些行動非常多元，可以是每日確實照顧自己的飲食，也能是報名三日工作坊和一群夥伴分享自己的生命歷程。

不需要跟自己的父母對質當年是如何又如何，也小心別落入指責自己的陷阱裡，透過實踐重新找到內在力量，我們將學會用「長大的自己」來做選擇，而非緊逼自己持續向父母社會為我們設定、沒有切身意義的目標匍匐前進。

相信本書的大部分讀者，最願意行動的對象就是孩子了（謎之音：不然買這本書幹嘛）。孩子活跳跳的生命力，經常激發我們想要「用力」呈現出不一樣的自己。這個「用力」，也許是親子關係中最值得細思量的；這個「用力」，提醒為人父母更「用心」體會，究竟自我成長是為了陪伴，還是擁有更大的力量控制孩子呢？

成長的衝突

和媽媽們工作最常遇到的扛樸練（complain），可說是「我不負天下人，但天下人一直機車我」的由衷無奈。舉凡伴侶、公婆、原生家庭、甚至好心路人嬸伯，都可以讓身心本已調和圓滿的母父們鬱卒一整天，高嘆埋頭修練無人聞問就算了，還時不時被落井下石看戲說笑。

雖然這部分的文章無法助你全身而退瀟灑自得（先別急著把書放回書架啊），但盡量用不同角度和你一起觀看不同世界人眼中的相異風景。前面【成長的準備】、【成長的養分】、【成長的行動】，皆是在預備我們更和諧一致地運用自己，而非硬把自己弄得很強勢或低姿態，甚至費盡心機利益交換，卻換得盪到谷底的自我、不快樂的家庭。

薩提爾女士相信人類有共同普遍的需求，這個信念也已經過世界各地不同領域學術研究的證實。那些與我們衝突的人兒，即使彼此間存在貌似無法跨越的鴻溝，也和我們一樣渴望被理解與接納。避免在行為和觀念上針鋒相對，看見彼此「想要被肯定的需求」，對話就有機會展開了吧。

成長的故事

特別收錄五位媽媽的自我成長故事。

在妳人生中極可能有某一（幾）位親友，跟她們有相似的經歷（如果不認識這樣的人，也許那位親友將是妳自己）。五位媽媽沒有顯赫家世，也不是吃飽撐著亂花錢殺時間來報名課程。她們遇見人生的瓶頸，因著機緣，開始自我成長的歷程。

她們的故事裡看不見虐心灑狗血，也沒有更生人重獲新生般的戲劇張力，有的是跟妳我一樣產後憂鬱、餵食不順、情緒暴怒、婆媳衝突、夫妻失和、自我懷疑。這些的「跟妳一樣」，說明了這世代母親們遇見的共同課題，也揭示了任何人都能踏著自己的節奏，調整人生步伐。

如果你覺得這本書受用，請把感謝獻給我最愛的親友們，除了我的父母、摯愛的妻子外，其他人你懂我懂就不一一羅列。至於三個臭屁蛋：陳大咪，陳咕哩，陳阿抓，把比在寫作時無法停止的想著你們，包括你們來問我可不可以看電視被我罵走的畫面（冏）。你們帶給我的豐盛，只能用版稅好好報答了（怎麼報答就看阿姨叔叔們有沒有認真幫把比宣傳了XD）。

輯一

成長的準備

成長有風險，上路前應詳閱公開說明

「成長能有什麼風險？難不成還要吞劍噴火胸口碎大石，海軍陸戰隊蛙人天堂路，還是跟食神一樣要硬闖少林寺十八銅人陣?!」

雖然以上任何一件事都不需要做，但自我成長之路卻也不是手牽手去郊遊，或像上學讀書，認真專心聽講即能轉化生命、福澤後世。踏上自我成長的父母，可能會遇到下面幾隻攔路虎的不時侵擾：

這不是肯德基！

還記得曾讓人拍案叫絕的「這不是肯德基」廣告嗎？當阿兵哥咬下那朝

思慕想的雞腿卻發現根本就不是最愛的肯德基、躺在地上青歡起笑（編按：閩南語「耍脾氣、發瘋」之意）時，觀眾應不難想像他是有多期待那味道啊！同樣的，我遇過許多父母前來上課、參加讀書會，即使課程大綱寫得清楚明白，仍有人以為我端出來的肯定是他們殷殷期盼的肯德基。

例如，《該隱的封印》線上讀書會目的在於，從心理、社會學的角度和媽媽們一起更理解男性的想法，看見男性在現代社會長大成人會遇見的困難，並思考身為母親／妻子／姊妹能做些什麼。關鍵並不在於「改變男人」（雖然他們的行為造成他人的困擾），而是「理解與接納他們的『現況』」（接納現況並不是要無條件忍耐）。

可是啊可是，還是會有人問：「醜爸，我老公這樣我該怎麼辦？叫他改都不聽，可以請他去找你嗎？」我理解那種焦急與無奈感，尤其當伴侶的行為影響到孩子時，但「直接要人改變」不是我提供的食譜。我會跟對方再行確認，妳要的是一個可能性，還是要一個妳早已設定好的解答？

所以鄉親啊，您是想要美味香脆的炸雞，還是就非肯德基不可？答案只有您知道囉。

以為只是小感冒結果B流併發肺炎

嚴格來說，每個人都需要或多或少或強或弱的心、靈成長，但究竟劑量、強度如何，並不是表面就可以看得清的。自覺身心健全的好寶寶，可能是過度壓抑情感的結果；而那些覺得自己大概病入膏肓的覺醒父母，反而因為自覺而更快進入狀況。

例如，有些媽媽因為覺得自己「最近跟孩子衝突很多，自覺需要學一下情緒管理」，就來報名上課，想說學些知識、技巧應該挺不錯的。結果不上還好，一上愈發不對勁……原來自己會情緒勒索小孩?!負面情緒大爆炸來自內在小孩從未被看見、被照顧?!原生家庭的影響需要被自己接納、承認、轉化?!哦我的老天鵝，本宮只是想優雅地跟孩子念念繪本、在公園裡愉悅地奔跑，為什麼要學冰山還冰箱模式啊?!

溫馨小提醒：雖然難以預料，大家還是要勇敢看醫生，照顧身心靈唷。

路途遙遠心生倦意

心、靈成長的時間是難以預估的，有人可以觀看小魚游反向就決定這一生要幹大事，我卻只能覺得鮭魚這樣逆流飛撲生猛有勁，難怪肉質彈Q鮮美……這幾年在許多讀書會、課程中，我也觀察到有人期待著「速成」，以為一旦繳了錢、打開書，自我成長之神將翩然而降立馬眷顧哈利路亞萬佛朝宗，幾個星期後發現就是一堆中年人閒聊打屁偶爾噙著幾滴淚這樣，旋即關上大門覺得此道不入流本宮自己修行普渡全家即可。

如果現今生活壓力不能立即減緩，自我成長的好處無法快速顯現，選擇繼續走下去將面臨極大考驗。

旁人的不解風情

「自我成長是好事捏，大家都會為我歡呼加油吧？」很有可能，但可能性會隨著關係的親密程度遞減。開始進入自我成長，首先我們會有很多「覺察」，這些覺察會幫助你更有耐心，也可能相反，變得容易被激怒。**畢竟開始我們只是發現原來自己可以做出不同的選擇，但不見得就能做出最適當的選擇。**

「所以我如果變得更『好』，他們就會為我加油啦！」也許你覺得那是「好」，但家人不一定這麼想，他們會覺得「怪怪的」，這種怪怪的感覺打擾了他們的「慣性」，當我們的習慣被改變時，下意識就是「抗拒」。例如，有人開始參加定期的課程或者是宗教團體，即使有些行為變化，甚至明顯是正向的轉變，家人仍免不了擔憂。這樣的擔憂若沒有接好接滿，容易惡化成衝突。

風險都攤給你看了，一起上路吧！

在諮商實務中，「賦能」是非常重要的。要讓當事人覺得自己有能力，很關鍵的一步是陪伴他們拿回、並使用自己的人生選擇權。唯有憑著自己的意志，正視自己的需求為前提，心靈上的成長才能紮實的生根茁壯。

心靈的自我成長，並不只是學習技術、熟悉原則，而是生活上真槍實彈的演練與掙扎，過程肯定會痛、想要逃避、害怕失敗。上述的四大風險就像牙痛一樣，痛起來真是要人命，絕不能小覷；但幾年下來，我也見證許多已開始體會成長喜悅的母父們，透過一定程度的風險管理，堅實穩健的一步步走著。

歡呼收割前，我們一起準備好路上將要付出的淚水與汗水，將會是「你」發芽茁壯時，最即時的甘露。

啟程囉！

到底什麼是「自我成長」?

究竟要「成長」些什麼?

首先,請告訴自己,不需要這本書,不需要學習書裡提到五四三的東西,你仍然可以是稱職的照顧者。書裡的一字一句,都無法增添你對孩子的愛與用心,你是夠好的。

走上成長之路,並非意味你不夠好、有缺陷,而是我們一起嘗試用不同的角度、多元的體驗,重新定義親子關係。薩提爾女士把一個人能重視自己的價值,重新選擇人生並為自己負責,成為真正成熟自主個體的過程,稱為第三度誕生。這是選擇、並非好壞的課題;選擇自我成長,是你決定用這個方式為自己負責，如此而已。

行文至此，若你尚未放下書本，就接著來談究竟要成長些什麼吧。

1 覺察

要說這是一個覺察的世代並不為過，因為覺察可說是一切改變的開始。就像每天開車上下班，即使塞車、路況不好，開得心煩氣躁，但如果無所謂、無意識的每天這樣開，即使多了一條替代道路也不會知道。走哪條路是一回事，很多人連「考慮」要不要換條路走走的機會都沒有。我們的生活也是如此，生氣就抱怨，孩子做錯事就責備，沒有嘗試暫停，想想看有沒有其他可能？會不會誤會了？自然關係不會有所改善。

培養覺察的能力，是自我成長的第一步。（請參考本書【成長的養分】）

2 了解並開放自己

這裡的「了解」並非請你去做心理測驗、人格分析，搞清楚自己的脾性氣質，而是延續上一點的覺察，在其中看見自己的狀態、需求、渴望。例如，當孩子出門拖拖拉拉還抱怨東遷怒西甚至出手打弟弟出氣時，我們可能會破口大罵、威脅利誘，或直接把孩子拖出家門。晚一點事過境遷，也許酌著咖啡，啐一聲——「唉~我為什麼脾氣這麼差？」「這孩子的學習能力真不好！」看似後悔及檢討，只是在行為層次，並不曉得自己內在的狀態。

從覺察而來的了解，是可以在生氣當下，感受到自己的挫折感與疲憊，知道自己雖然有能力面對孩子的情緒，但在這一刻卻是不願意，想要放過自己。這不是任何人的錯，只是需要誠實面對當下每個人的狀態。在了解自己狀態的前提下，可以從硬著脖子跟孩子對槓，轉變成開放應對的選擇、拓展可能性。例如：孩子累了不想出門，願意體諒也很疲累的自己，給孩子一顆糖果換取合作，或是允許他不穿鞋就出門（但要求他把鞋子拿在手上）。這些都可能不是最好的選擇，但我們在覺察與理解自己的限制下，願意為這些選擇負責。

好父母請跟我這樣做
接納孩子，適性陪伴
覺察
覺察
覺察
怎麼沒注意過有這條路?!

3 接納自己與孩子

每一次的覺察，與對自己和孩子「當下狀態」的看見，我們可以培養出「如其所是」的接納。例如，如果孩子對於活動間的轉換有很大的障礙，與其嘗試要求他接受「活動轉換是常態，沒什麼好難過生氣」而僵持，不如接受他的不舒服與情緒，但一起找找看還能繼續進行活動的方法。每次我帶孩子打針，在候診區電視看到一半、被叫到診間打針時經常遇到強烈抗拒。我都說：「打針好痛！你痛的時候就哭出來，爸爸會秀秀你！」這不是什麼神奇魔法，只是說出來提醒自己及醫護人員，打針會痛，哭是正常的。這時，大人們都會同心協力，快速完成任務。

我們不見得能欣賞孩子的每個樣貌，因為我們有期待、有伴侶或長輩帶來的壓力，或是相信「小孩就應該○○╳╳」。這是現實，也別逼瘋自己，可以接納目前的觀點，也許你願意改變，只是還不知道該怎麼做；甚至人在江湖身不由己，雖然有自己屬意的做法但為了家庭和諧還是配合長輩演出（請參閱〈釐清自己的需求與對孩子的期待〉）。

這些都是目前的你、已經盡了力的你，無須給自己添加壓力、時程、目標跟罪惡感。**走在自我成長的路上，請先踏實地和自己在一起，欣賞感謝擁有的一切**。當自我提升了，力量感充滿了，正向改變自然展開（當然是在你的選擇之下）。

4 與人連結，重建關係

當覺察、理解、接納一步步到位、成為日常生活的一部分後，與人的互動勢必會受到影響。自我成長不見得帶給你穩定愛笑的孩子、通情達理的伴侶、客氣節制的長輩，甚至和重要他人的關係不會出現明顯變化，但你會發現已更新的你，感知世界的方式、表達自己的姿態都不一樣了。無論對方的反應是否如你預期，你已擁有更成熟、且能為自己負責的回應方式。

例如，有些媽媽提到，先生會拿「不是有參加讀書會？不是有去上課？看起來也沒有不一樣嘛」來挖苦她們。在過去，這可以是很傷人、破壞關係的攻擊，但當媽媽覺察自己的憤怒、按下暫停鍵時，反而看到先生的失落：

也許是不樂見妻子的日益平穩、妻子不認同他反跟外頭老師學習，或者感覺到夫妻不同調的威脅……受傷的自尊並未被關注，直接化成攻擊脫口而出。

此時媽媽們訝異發現，原來可以有選擇：聽到這麼刺耳的話，是可以不生氣的！總是盛氣凌人的伴侶，其實內心敏感脆弱。當然，攻擊仍是令人不悅，甚至感到害怕，但同時內心也有一股力量，支持她們看見其他可能性。轉身離開、針鋒相對，或者心平氣和的核對他的感受，都是重新建立關係的契機（請參閱〈從情人變成夫妻再變成豬隊友？〉）。

不是變成哪種母父，是你想成為怎樣的自己

「喔～我懂了，醜爸，自我成長就是讓我們成為佛系媽但又很堅定，對吧？」

施主這廂誤會了……自我成長不是雕塑你成為哪種母父的工具，無論你

的目標是虎媽熊爸直升機父母暖父宅娘，都跟自我成長沒有絕對的關係。有些父母以為，踏上自我成長就是要變成「某種模樣」，例如不打不罵不威脅、孩子在公共場合大哭也耐心等待、不斷跟孩子對話……覺得這些過於不切實際，而且自己也做不到，所以排斥「成長、改變自己」。

事實是，許多人踏上這條路後，發現自己仍舊對現實無能為力。這無關乎努不努力、認不認真，人類本就是被「情境」深深影響的生物，在生命的某些階段，我們的功課不是外在的突破，而是內在的整理，可以在現實中更接納自己，找到平靜。

自我成長，不是讓你變成什麼樣的母父，而是擁有資源與勇氣，成為自己。

書才讀幾頁，醜爸給問嗎？

雖說「問題與回答」都是在曲終人散前，但因為本書是由許多阿母（跟一咪咪阿爸）的滴滴血淚打造而成，有些Q在還沒讀到後面就可先以前輩們的經驗提供簡單A，希望能夠幫助你閱讀順暢。

Q1 陪你飛之前要先不怕高……就是要我們放手跟讓孩子自主的那一派，是嗎？

新貴派？周末派？（我真的不年輕了），我不知道「放手跟讓孩子自主」是哪一派，我所有工作（包括讀書會、課程、工作坊）的核心都是「和母父一起看見人生的各種可能性，包括你的跟孩子的」。這個看見需要整合許多功課，例如覺察、開放自己、同理……等。至於你要如何陪伴孩子飛，甚至要不要陪，都不是這本書關注的課題。

怕高的話，我們就會像本書最前面的詩所提到的，不希望孩子飛得太高太遠太快太帥，因為已經嚇得不要不要的父母，在孩子身邊盤旋時已費太多精力保護自己，遑論陪伴了。我相信「陪伴」的首要之務，是可以站得直挺、照顧好自己！

Q2 我天生就脾氣不好，怎麼辦？

天生脾氣不好……可能嗎？如果你要說的是「我很容易對孩子、伴侶、甚至其他家人生氣」，可以分幾方面來看：

1 對方真的很讓人生氣：有人宣稱孩子是不會錯的，因為他們很多時候是衝動、因為社會經驗不足才出包。但即使如此，父母為此生氣也是情有可原（父母也是人啊～），不需要給自己貼上「脾氣不好」的標籤。

2 生氣分成「感受」和「表達」，你是經常感到生氣但燒在心裡，還是吼得全家不要不要的？前者對關係的殺傷力並不亞於後者，那些沒有吼出來的鄰居不表示修為比較高，請勿因為容易直接表達情緒而覺得自不如人。

3 你是想表達生氣，還是有其他情緒但不知如何處理？例如，上一秒才跟孩子說碗推進去一點，下一秒就掉在地上，爆炸的你，氣的是孩子的漫不經心、屢勸不聽，還是滿腹的挫折、無力、疲累不知何去何從？不如化成怒火好好炙烤肇事者豈不快哉？

再列下去沒完沒了，但光這三點就可看見，「脾氣不好」被剝皮解骨後，根本不是想像的那回事。這本書也有部分章節將幫助你看見這個事實：我們以為的我們並不是表面的樣子。所以，除非你拿到醫生診斷證明：高度先天脾氣不好氣噗噗河魨症候群，不然就忘記這個可能性吧！

Q3 沒有跟伴侶一起成長，會不會效果不好？

在〈到底什麼是「自我成長」？〉中，我用了一個先生吐槽伴侶的例子，這是許多致力自我成長的媽媽們的日常；甚至有些媽媽還不敢讓先生知道自己花錢上課，因為會招致「浪費錢去聽假專家唬爛」、「不是說忙得要死沒時間休息，怎麼有時間去上課？」的責備。

夫妻間有上述應對，通常伴隨著關係間的不對等（例如男尊女卑、先生是唯一收入來源，悄悄形成一種他講話可以比較大聲的氛圍），或者彼此有心結以致阻礙了用更正向、直接的方式溝通。若是上述兩種情況，光是向先生提出邀請（當然有時也是反過來，妻子是拒絕成長的一方），就已經要耗掉洪荒之力了。

沒錯，夫妻成長利可斷金，夫妻一致全家笑呵呵，但做不到是人之常情；應該說，做得到是樂透級的不容易。效果會不會不好？不會，因為「含括伴侶在成長歷程裡」本來就不是必要條件，而是「成長帶來的可能好處之一」。透過成長、提高自我價值後，我們可以選擇邀請對方，但對方也有他自己的選擇，要如何回應對方的選擇，又是另一個故事了。

Q4 很擔心我的教養方式帶給孩子創傷，請問自我成長可以改變這個可能嗎？

每次看見這個問題，心都很沉。許多母親把自己逼到一個「不成功，便成仁」的絕境，好似育兒這條路不能有任何的差錯，否則萬劫不復。「創傷」二字這幾年被很多人為了「文章的戲劇效果」給濫用了，好像文中不加個「可能會造成孩子的創傷」，就無法顯示作者的專業。在臨床上，創傷的預防、診斷、治療、癒後都有其專業性，母父們請勿輕易以自己的知識與觀察判斷，有任何疑問或擔心，請逕洽精神科醫師或臨床心理師。

至於你會不會造成孩子的創傷？通常會這樣想的照顧者，也會謹言慎行，自然機率很小。但如果你還是非常擔心，那小弟我反而比較擔心「你」。如果過去曾對孩子做了什麼（例：無來由毆打、長期忽略、語言暴力），而孩子現在的行為、情緒也出現偏差，建議可以跟心理師或其他助人工作者（例：社工師）聊一聊，**讓這個祕密見光，也讓光進入你心裡**。

如果是持續性的為未來擔憂，相信這本書可以給你一些方向，我們一起試試看。

Q5 開始自我成長後多久會見效？

開個玩笑：你覺得自我成長是像張國周強胃散還是哇咖摸豆若元錠（wakamoto）？「見效」兩字本身就帶有「治療」的意味，但投入自我成長、心靈上的滋養不是因為你「生病了」。有沒有所謂的「效果」，也只有自己可以判斷。

換個角度，成人的身心靈成長（或說「人的改變」）跟孩子發展一樣，可以分成幾個階段，大師們如羅哲思（Carl Rogers）、薩提爾（Virginia Satir）都有相關的論述。簡單說會有新奇、混亂、掙扎、突破、平靜等階段，這些階段都有各自的難題與可預期的收穫，但不都是充滿歡笑讓人心曠神怡的那種效果，這樣哪一階段會是「見效」？嘗試覺察自己的情緒，卻造成更多挫折感，算是一種效果嗎？

我們不是因為生病才選擇改變，改變不是在幫助你痊癒；成長的歷程充滿豐富多元的體驗，體驗本身即是寶貴的學習。至於有無效果、何時見效，如人飲水冷暖自知囉。

接下來，希望本書的其他篇幅也可助你解惑！

輯二

成長的養分

探索「原生家庭」的影響

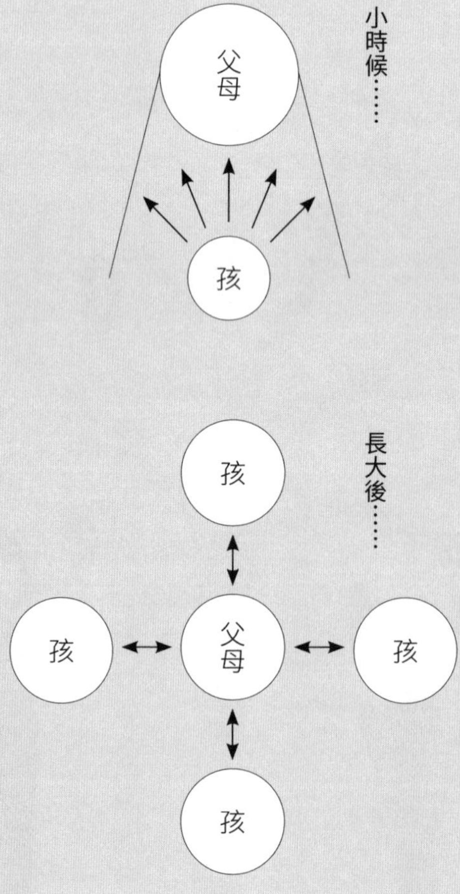

小時候，我們做什麼、想什麼都要透過父母，現在長大了，與父母之間我們可以改變角度、距離與姿態。我們有選擇，而且是自由的。

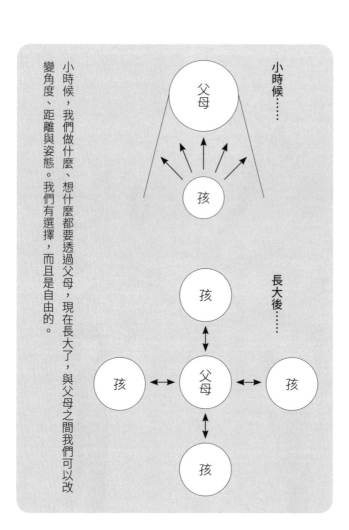

是否曾想過「如果我生在另一個家庭，肯定擁有截然不同的人生？」從小生長的家庭，稱為「原生家庭」，對人一生的影響自然是非常巨大的。小到進門如何擺鞋子，大到有無能力處理自己的情緒，原生家庭的影響可說無處不在。最明顯的，莫過於反映在「教養」上。

你K我，我就K他

「我知道原生家庭如何影響教養！就是從小被體罰的人長大就會體罰自己的小孩！」

這大概是最常見的「原生家庭如何影響教養」的觀點。父母修理完孩子，後悔萬分；但一轉念卻又想：「還不都是我爸媽害的！從小被打到大，所以我現在也忍不住打自己的小孩啊！」

初聞此淒厲控訴莫不慨然淚下，但很快地一定會聽到反方詰辯：「等等，不對啊，我跟我老婆跟我同事跟我同事的丈母娘，也都是被打大的，那我們怎麼不會扁自己的小孩？」是啊，這說得也鏗鏘有力。**原生家庭的影響看來並不是一整個「複製，貼上」的動作！我們肯定可以做選擇，選擇一個更適切、符合親子權益的作法：**

父母不能老當我們教養孩子的代罪羔羊。

天下有不是的父母，我們來算總帳！

「我知道了，這是一個復仇的時刻！探索完原生家庭，把跟父母的總帳算一算，讓他們知道自己做了些什麼好事！」

好吧，就當我們有能力算出總帳，確認原生家庭各項罪狀（扣掉所有積極正面的東西後），甚至還自導自演當起法官宣判大小刑責，那仍舊是過去、已經無法挽回的事了。

「難道，我們就讓傷痛持續深埋在心底？」

看見心裡的傷，慢慢爬梳，並承認自己過去（甚至現在）處在一種脆弱、遍體鱗傷的狀態，是我們重整自己各項生命資源的第一步。「算帳」可以是療癒的過程、自我成長的開始，但要如何轉化並落實在教養行為上，卻不見得有很直接的關係。

另外，也得提防一下我們親愛的記憶力。在九〇年代的美國，發生許多「記得童年被父／母性侵的成人，控告自己親生父／母」的案件，然而，這當中有一些父母堅持自己的清白，並透過心理學家的協助及集體訴訟駁斥不實，最後也取得成功。這些案例讓當時的美國社會大眾注意到，原來創傷記憶是有可能透過他人的暗示或影響而被改寫。

當然，你我有很高的機率不會無中生有，但也不見得百分之百正確。可能把媽媽記成爸爸，把小學五年級記成一年級，把五十元記成五百元……這些當然都是枝微末節，但當枝微末節堆疊起來後，難保會出現什麼複雜效應，更別說拿著這些東西審判我們的原生家庭。

面對、並承認原生家庭造成的傷，對於想要成長並建立良好親子關係的我們，是很重要的。但把注意力都集中在找出證據算總帳，焦點可能會模糊，目光也很難轉移到未來的可能性上了。

與父母和解，人生才有盼望？

「我知道！探索原生家庭是為了與父母和解，這樣我們才能得到自由！」這個答案老實說真是正確又簡短，老丈人看女婿愈看愈滿意，但在我的實務經驗中，卻鮮少有人把「與父母和解」當成是探索原生家庭的目標。為什麼？

太難了啊孩子!!!

和解是雙方的，有些人，你不知道怎麼開始。雖然父母年紀老邁、霸氣也大不如前，但一想到要跟他們開口談心整個就是五內翻騰口乾舌燥，立馬舉手自動到樓下買麵吃飽走人。雖然坊間有許多心理師、身心靈工作者標榜著和解之路，但那一整套（且跟按摩一樣會讓你大喊一套還要又一套）下來的花費及需要的時間，不見得是每天在家打真人小魔獸的中年父母可以負擔的。

和解是感人肺腑的大結局，甚至是開創新局的前奏曲，但可遇不求。硬要當成目標，那身（足夠的時間金錢）、心（面對他人情緒的膽量）、靈（驅散不願改變的眾人怨念）可都要準備好才行。

這也不是那也不是，到底為何要探索原生家庭？從與上百位父母在讀書會、講座不斷交流後，我歸納出以下四點：

・看見家族裡的故事，如何影響你寫下自己的篇章

如果我們把家庭、家族的故事看成是一台電腦裡的各種資訊、軟體、

APP，就會發現如果沒有好好重整，這些寶貴的家族史很可能流落成數團亂糟糟的模糊回憶。這些回憶在我們的梳理下，人際間的互動開始有脈絡，那些從小聽到大的愛恨情仇也增添、變換成不同色彩。也許某位始終陰鬱的親人，曾也是陽光燦爛；家裡最微不足道的角色，其實扮演著能制衡諸多力量的中心。

古早的故事能被呈現，我們也有機會看見自己可能的方向，但方向盤握在你手上。怎麼走，也許會有更多篤定。

‧從「成人」的自己，遇見當年的父母

在原生家庭讀書會中，有個時常震撼成員們的作業，是扮演成記者，報導父親或母親的故事。你必須用第三人稱，「幫助讀者了解」這位你熟悉幾十年的先生或小姐，他們走過的路。故事的取材，不能只從你的感受，必須考量到更多元的脈絡，例如：朋友怎麼看他？在長官眼裡，他是什麼樣的一個人？

這個作業幫助我們可以用「成人」的角度來看待父母，而非一直停留在當年那個永遠仰望父母、期待肯定但始終得不到的小孩角度。也幫助我們用「客觀」視野，看見父母當年做了哪些重要的事情？付出了多少代價？承受何等壓力而使用求生存的應對？我們可能會發現，他們真的盡力了，換做任何人接替他們的位置，可能都無法做得更好；人生不只有自己三兩下說了算，還有許多家庭、社會與時代的無奈。

絕不是說他們在你身上的傷害不重要、甚至可以忽略，只是提供另一個與他們連結的角度，體驗當年我們沒有能力同理的人生。

・過去讓它過去，從頭喜歡自己

記得N年前KTV神曲《心動》副歌的第一句「過去讓它過去，來不及，從頭喜歡你」嗎？真的，前任騎著白馬翩然而去時，鏡頭總是跟在他們模糊的背影而顯得滄然；當攝影機轉個向，鏡頭對著我們自己時，試問：「我們真的可能從頭喜歡自己，無論那些離去的背影？」請嘗試以下練習：

爸媽說	自己說
你就是懶，不認真！	我喜歡自在，我可以用自己的方式面對壓力
妳要照顧好弟弟妹妹！	我愛我的手足，但他們要自己負起責任
你敢頂嘴給我試試看！	我選擇不表達我的憤怒，但我承認會對你們生氣，也害怕你們，我接納自己的憤怒與害怕。

過去的影響，我們來試著稀釋轉淡，然後，從頭喜歡自己。

・愛上自己的你，更能如實對待孩子

看見家族的故事，添加「成人、客觀」元素到與父母的互動，嘗試轉化過去的影響開始喜歡自己……漸漸地我們會多一點覺察，原來我們在親子互動中，暗暗地被原生家庭影響而不自知。影響的不見得是我們特定的行為（例如前面提到的體罰），而是我們如何看待、對待自己。當一個人無法用健康有機的角度面對自己時，自然在教養時也會缺乏創意與生命力。

讀書、寫作業、參加工作坊、在家裡靜心練習，都是幫助我們看見，生命中曾有一個無比強大的家庭系統影響著我們，它的確帶給我們許多苦難與創傷；但現在，我們長大了，可以做選擇，可以允許自己的生命力展現出來。這樣的話，我們一定要丟棄那個看似老舊無用的原生家庭系統嗎？還是，我們可以轉化它，成為我們現在和孩子一起成長的無價資源？

探索原生家庭，是一條找回自己的旅程，找回那個無論如何，都值得被肯定、被珍愛的你。

照顧嗷嗷待哺的內在小孩

什麼是內在小孩？

老實說，剛聽到內在小孩這詞兒時覺得毛毛的，好像鬼娃恰吉之類的恐怖娃娃躲在內心裡一樣……難怪要照顧內在小孩，不然他會讓你很難看（這是一個玩笑，當然不是如此）。內在小孩並不是很正式的專有名詞，但相似的概念在心理治療領域非常普遍。

簡單說，內在小孩的形成是因為成長過程中，孩子受到家庭規條、父母期待及社會化的影響而無法「做自己」。當許多需求，包含心理上想要被父母肯定、被關注的渴望無法滿足，而產生憤怒、悲傷、失落之餘，個體漸漸把那些「想要、需要」壓抑至心底深處。那個代表我們許多的想要與渴望，且總是容易受傷、情緒化的自己，就慢慢住進我們心裡，成了內在小孩。

例如，許多人小時候被父母要求「不能哭」，但孩子在悲傷、疼痛之餘除了哭還是哭。隨著年紀漸長，為了得到父母肯定，或只是為了少點皮肉痛苦，孩子即可能開始壓抑那個自由感受、表達情緒的自己，強迫自己不能哭，因為那樣的自己不好、只會給他帶來麻煩。

但那畢竟是真正的自己，帶著最真實、強烈的情緒，即使藏起來，也還是在我們心中占有一席之地。如果選擇激烈的方式否認他的存在、忽視他的需求，對心理健康會造成很大的傷害。所以**即使藏起來，我們偶爾還是會允許讓內在小孩探出頭來。只是因為當初我們是無助且恐懼地把他壓下去，當他想要探出頭、被關注時，我們也會和童年時一樣感到害怕、手足無措。**

為什麼父母需要照顧自己的「內在小孩」？

問題是，被我們壓抑多年的內在小孩，怎麼敢探出頭來？畢竟當時他把我們害得好慘啊！內在小孩能大喇喇的出來發威，通常是因為在很安全、低威脅的情境下，那情境最常發生在我們和孩子相處時。怎麼說呢？容我簡單為大家列點說明：

1 許多父母非常認真且用心地在學習，就為了能夠懂孩子。幼兒生理發展期、發展心理學、蒙特梭利教養法，所有市場上叫得出名字的教養專家大作，一本一本的K，為的就是能理解、甚至同理孩子。

2 父母會發現，孩子經常是「做自己」，而非什麼個性怪異、欠罵欠打。當孩子「用孩子的方法感受世界，並用孩子的方法表達出來」時，母父第一件事是嘗試同理與接納。雖然孩子不見得乖得像天使，但至少親子關係不會因誤解而碎裂。

3

什麼是「孩子用孩子的方法感受世界，並用孩子的方法表達出來」呢？簡單說就是「餓了就哭餓，累了就抱抱，氣了就哭哭，然後慢慢學著用語言表達。」沒有什麼邏輯，也非心機重，是孩子天性使然。身心一有需求，二話不說馬上直接表達。

4

前兩點都很ok，我們懂、也願意同理孩子，但第三步「接納」就開始卡卡的。雖然「馬上直接表達」是孩子的天性，我們也瞭如指掌，但為什麼強烈的負面情緒從心底深處一擁而上？說好的「孩子餓了就哭餓，累了就抱抱，氣了就哭哭，然後慢慢學著用語言表達」，怎麼那麼讓人難以忍受?!難道我不是盡責的好母父，這麼點生物自然本能我都扛不住啊啊啊???

5 因為小孩就像當年的我們＝我們現在的內在小孩啊！但內在小孩早已經被打入冷宮，而我們也早已被訓練成「餓了就忍，累了就忍，氣了就忍，然後馬上要用語言表達」，不然會被修理得亂七八糟的超級社會化大孩。因此當遇見跟內在小孩一鼻子出氣的「我們的小孩」在自然表達時，一系列負面感受也就跟著被引發出來，不可收拾。

6 被引發出來的負面感受中，包含我們壓抑已久、連自己都感到陌生的不安全感，裡頭嵌雜著委屈、罪惡、無助。這些感受，搭配著生活壓力與「如果我沒教好怎麼辦」的自己嚇自己，照顧者將很難與孩子安然同在。

如果父母不靠近、接納、擁抱自己的內在小孩，則那正自自由由當個小孩的你的孩子，將不斷召喚你內心那未被滿足、不被重視的不自由小孩。兩強相遇，可能是把手言歡，還是會互相傷害呢？

可以這樣和你的內在小孩博感情

靠近、接納自己的內在小孩是一條漫漫療癒之路，醜爸了解大部分的母父沒有時間及餘力進行重建改造工程，以下僅列出一些我覺得可行的簡單方法。但如果發現做這些練習都很卡、甚至有強烈後座力，建議可與專業助人工作者聊聊。

1 像孩子一樣的陪孩子玩

許多照顧者為了「把握良機」，在陪伴孩子玩耍時總是花盡心思摸蛤蜊兼洗褲，例如看到花就要孩子一起唸花的英文、分辨花的顏色、再唸花的顏色的英文、看花的數量、再唸花的數量的英文再奉送馬麻這朵花也給你那你會有幾朵花加法好好玩……等等。好啦，這樣寓教於樂也很好，但可能就失去一些「像孩子一樣萌的時間」。

孩子想要靜下來看一朵花，我們也可以一起靜下來，放下學習的焦慮，像孩子一樣的專注與好奇。當跟孩子在氣墊床上使勁跳躍時，暫時收起「小心喔，不要踩到旁邊的小朋友！不要躺著趕快站起來！（老實說孩子當下聽不到我們的聲聲呼喊）」而是跟孩子一起感受上下起伏的刺激，用力蹬會讓身體輕盈的美好，感受那份快樂，跟孩子一起用尖叫傳達遊樂的喜悅。

讓自己多些時間回到像孩子的狀態，但不帶著罪惡感。這不是浪費時間，這不是失去分寸，更非不負責任，反而是身為照顧者的這幾年，最貼近他們的時刻。

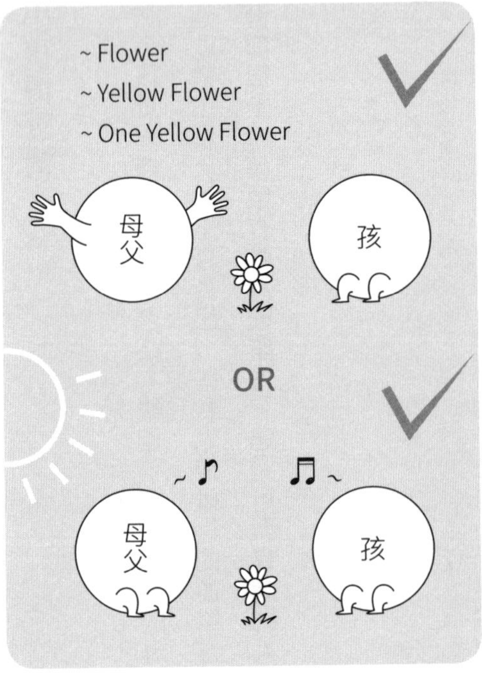

2 別讓你的教養焦慮影響孩子的活在當下

當我們在教、管教小孩時，總是帶著滿滿的責任感與使命。但孩子也是嗎？不是，他們只是在探索、在成長。用一個常見的例子：孩子打破杯子，可以說是他們能力不足，也可以說這是探索、嘗試使用能力的過程中要付出的代價。但照顧者的「反應」，卻可能讓孩子不知所措。

「怎麼又來了？是故意的吧?!」

「小肌肉發展有問題嗎?怎麼總是拿不好杯子？」

「要不要去排評估啊?聽說馬偕很有名。」

「那要趕快不然暑假就要上幼兒園了」……

相信我們都可以列出更多內心戲。這些內心戲，跟當年我們暴跳如雷的原生家庭父母的內心戲如出一轍。也是因為那些內心戲，我們漸漸地壓抑自己、造就了現在敏感纖細易怒的內在小孩。

現在，我們有機會問問自己，打破杯子，可不可以就只是打破杯子？可不可以跟孩子再走一次如何使用杯子？可不可以跟孩子一起清理？可不可以告訴自己，打破杯子不是任何人的錯，妳過去是個好孩子，現在也是一個好媽媽？

妳就是妳，妳是好的。

3 轉化童年的那些不要不行不准

如上所述，內在小孩源於童年時想要討好父母的生存需求，我們當時並沒有機會去思考、決定父母命令的可以與不可以。現在，我們不但有能力，也有了權力，可以告訴自己當年的那些不要不行不准，也許已經不適合現在的我們。

你可以使用布偶，或是樂高小人，分別扮演童年時的主要照顧者（們）跟你自己。把小人物們擺好後，回想一個特定場景，或是一個家規（無論是顯性或隱性）。例如，對長輩說話要有禮貌。即使你很生氣、你覺得被誤會了、你覺得自己的努力沒有被看見，都不能沒有禮貌！

現在，可以問問自己，當時的你，有什麼負面感受？現在可以接納自己擁有那些感受嗎？我們是可以生氣的，也想要好好表達那些痛苦，但當年的我們不行，而且還被重重扣下沒禮貌的大帽子。**現在的我們，是母親、是父親，可以有新的決定，為自己的選擇負責**。

現在，當孩子氣著罵你壞，大吼著我不要時，你想要怎麼做？可以先允許自己看見，那不是對你的否定，也不是在踐踏你的價值。現在面對的，是禮貌的問題嗎？還是孩子正在一種無助的狀態？我們可以接受自己的限制，跟孩子承認自己當下無法、甚至無能滿足他；還是，用一個沒有溫度、沒有空間的理由，把自己的內在小孩、跟自己的小孩，重重的壓下去？

薩提爾女士相信，小時候的不行不准，及那些負面標籤，都是可以被轉化的（請見〈鬆動內在規條，開啟改變的可能〉）。我們學習接納自己的每一部分，同時將照顧到嗷嗷待哺的內在小孩，及我們摯愛的孩子。

鬆動內在規條，開啟改變的可能

「飯菜都要吃完，不可以浪費。」
「大人講話小孩不要插嘴。」
「遲到是不守信用，很糟糕！」
「哭什麼哭，真沒用！」
「怕什麼怕，我沒生膽給你啊!!」

這些話，你熟悉嗎？

每個家都有家規，有些清楚明白，有些隱晦不清但大家心知肚明；有些形同天條，有些別太過分也就睜隻眼閉隻眼含混過關。不同規矩附帶輕重不一的罰則，犯了某些會被打到見血，有些就是一整天的碎唸跟鬼打牆。家規通常也具有時間性，管小學生的不適合用在高中生；當然也有例外，例如不可偷竊，管你幾歲。

可見家規不必然是死板板的過時思想，也可以因時因地制宜。然而過去太多成人把家規視為尚方寶劍，一味地要求孩子遵守，忽略孩子的感受與背後的需求，只求行為的政治正確。為了獲得認同、為了求生存，孩子雖然不解、不願，仍舊拚命內化這些不合時宜（甚至不人道）的規矩。長大了，縱使成家立業，這些兒時家規仍對我們產生莫名影響，變成薩提爾女士所謂的「規條」。

規條背後的愛與掙扎

「飯菜都要吃完，不可以浪費」這條我們都再熟悉不過的規矩，背後是長輩的愛與關懷；同時，也帶著過去經濟刻苦時期的焦慮感。「大人講話小孩不要插嘴」等禮貌相關的家規，有著對懂得尊重他人的期待，也害怕我們不知天高地厚，對權威沒有敬畏之心。

兒時家規的背後，有著愛、更背著恐懼與無助。雖然孩子們執行得七零八落，哀嚎求救聲不絕於耳，但長輩沒有機會學習新的觀念、嘗試更有彈性的作法，反而更加強不當管教的力道，以求降低心中「我是不是沒有把小孩教好」的罪惡感；或者，發洩每日每刻，生命帶來的各樣難以負荷之重。

現在，我們也許會設立跟兒時一樣的家規，或想盡辦法避免童年經驗。然而，兩者都容易讓我們落入被過去經驗綁架的僵化規條。**若有機會好好整理自己，看見這些規條背後的愛，放下當年伴隨著的痛與掙扎，也許我們可以用更開闊的心和孩子立規矩、定界線。**

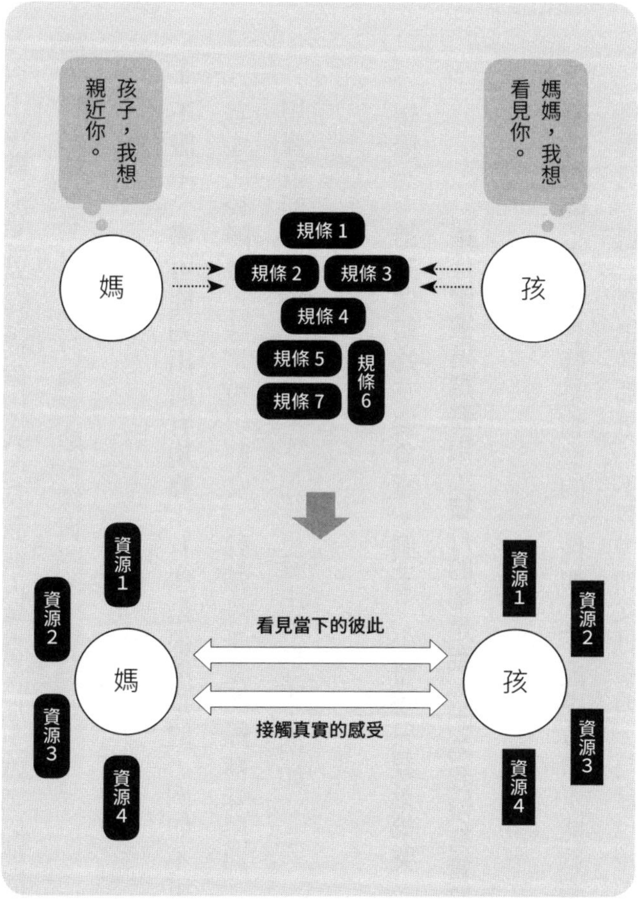

鬆動內在規條，開啟改變的可能

以下步驟，是基於薩提爾模式，及我個人練習、加上媽媽們的回饋而來（請為自己準備至少二十分鐘來進行練習）：

1 不設限、盡可能列出所有規條：有些是很清楚的，例如不可說謊。有些比較隱藏，像是重男輕女、姊姊哥哥要照顧妹妹弟弟。接著在規條後面舉一個印象深刻或是經常發生的例子，例如：

規條一：弟弟做錯姊姊要負責。例子：小時候只要弟弟哭、或是做錯什麼被媽媽發現，被打的都是我，因為我沒有管好他。

2 整合規條：許多規條是相似的，例如：不能哭泣，不能軟弱求救，負責任，這三條也許都是「不要增加父母麻煩，要自己照顧自己」下的細目。整合前的規條仍保留。

3 **把相伴於規條的感受寫下來**：當我們因為規條而受苦，被責備、挨打時，出現哪些感受？例如：「當我媽媽叫我不准哭鬧，去房間裡安靜寫功課，我感覺到很深的孤單與不被重視，希望自己就躲在房間裡永遠不被別人發現。」這時請允許自己在感受裡，陪伴著自己，現在你是安全的，可以選擇各種照顧自己的方式，接納每一個真實的情緒（請參考〈照顧嗷嗷待哺的內在小孩〉）。

4 **理出規條裡的愛與智慧**：接納、照顧了當年的感受後，嘗試看見規條背後的愛與智慧。例如不能哭鬧、關在房間裡，是為了避免更多的哭聲會激怒父親拿出棍子。為了保護孩子少一頓打，媽媽寧願犧牲掉孩子當下的需求。（請注意：請勿勉強自己一定要在規條背後找出愛，也不需要硬是合理化父母過去的每個管教行為。這個步驟是承接上一個，在好好照顧了自己深藏的負面感受、撐出心理空間後，始能進行。如果覺得目前還不能做到，請直接跳下個步驟。）

5 **鬆動規條，與現在的家規做連結**：現在，規條對你而言也許已具備不同以往的意義，轉化的工作已經開始。下一步，我們重新探索自己「現在家庭」中各項清楚的、隱晦的規範，是否有調整的可能？例如，透過上述步驟你已經對孩子的哭鬧行為有了不同的認識；現在孩子發洩情緒時，你也有比當年母親更友善的環境與資源陪伴孩子。可以告訴自己：「哭鬧的孩子不壞，無法處理哭鬧孩子的母親，仍舊是好母親。」並問自己三個問題，把答案寫下來：

A 在什麼前提下，我可以忍受久一點孩子的情緒？（**句型：在什麼前題下，我可以放鬆我的規條，專注在當下？**）

B 當我做什麼、說什麼時，孩子可以比較快穩定下來？（**句型：當我做什麼、說什麼時，更有可能出現期待的行為？**）

C 我需要做什麼來穩定自己，讓自己不被情緒淹沒？

答案例如：

A 當我願意先停下指責自己、指責孩子的時候，指責讓我無法冷靜、無法正向思考。

B 我跟他們說媽媽知道她很難過，媽媽會陪她。

C 我需要不去想今天接下來的行程，專注陪伴她。

從探索自己從小到大不疑有他的規條開始，我們接觸為了討好父母、為了當個乖孩子而壓抑多年的感受。**成年的我們有能力照顧自己，也有能力看見規條背後長輩當年說不出口的愛，我們不再有義務用過去的方法遵守規條，反而可以賦予現有家規「有生命力」的意義**：我們可以直接表達出對孩子的愛，同時觀照自己和孩子、伴侶的狀態，慢慢調整出真正適合現在家庭的生活常規。

欣賞自己的「每一部分」

自我接納。

姑且讓我們把「同理」當作是親子關係（如果不是任何關係的話）必要的養分，那「接納」就是其中的蛋白質了：接納孩子的情緒與需求，才有能力同理。接納孩子的前提並非修身養性、熟讀兒童心理學，而是「自我接納」；要能夠自我接納，請開始欣賞自己的「每一部分」。

「蛤？醜爸你又搞錯了，怎麼會欣賞自己的每一部分？當然是欣賞『好』的部分啊?!」

聽起來沒錯，但如果那些不好的部分，其實不是真的不好？那些「其實不是真的不好」的部分，很可能才是你與眾不同的部分。

雖然很努力在長大，但部分的我們「被消失」了

身為中華健兒，我們從小就被一教再教如何「知己知彼，百戰百勝」。這個「知己」，通常不是指「波兒棒」的部分（因為做到是應該的），而是集中在「缺點」，或「劣勢」、「弱點」，總之就是那個趕快藏起來、不要讓人家看到會笑話的人格特質與行為習慣。

同時，大人們也努力照著差不多一個樣的模子養大每個孩子，這模子不外乎是大學畢業、積極向上、儀表堂堂、親切有禮、大方熱情……還有因性別、族群、宗教等不同而稍有差異的其他模板……總之，不管孩子們本來的樣貌氣質，重要的是養出來都要一模一樣就對了！

因此，有些部分的我們需要被消失，至少大人們是這麼說的。無憂無慮是不求上進，四肢發達是頭腦簡單，內向小心是自閉無趣，意見多一點是自以為是，意見太少是胸無大志……反正想辦法把自己塞進那些個模子，或至少懂得隨機應變得過且過就對了。

當我們塞不進那個模的時候，大人們便開始施展「整形手術」。有些孩子比較幸運，在長達十數甚至數十年的手術過程中，還有機會上點麻藥、吃點補藥；那些沒藥可吃，被割得亂七八糟、削骨割肉，叫聲淒厲無人聞問的，就不在這麼溫馨的書裡多加著墨。痛久，也就麻痺；麻痺，也就忘記那些被消失的部分了。

真實的你 V.S 拼裝的你

年幼的我們，像一顆自然不經雕琢的水晶球，也許沒有特別明亮，色澤不怎麼顯眼，但獨一無二。成長的過程，我們都被意圖加工成美得冒泡，金光閃閃、耀眼奪目的藝術品，大人們嘗試把許多之於我們不自然且陌生的「好品行」、「優點」，緊緊地黏在我們身上，黏不緊的就狠狠釘下去，深怕別人看見我們原本的樣子。

幾十年過去了，我們怎麼還情願以加工藝術品的樣貌生活著？什麼樣的黏劑如此厲害，讓我們渾身不自在仍擺脫不了？是焦慮和「做到就是孝順」的罪惡感——如果放棄這些「人家覺得我們好」的外皮，會讓父母失望、社會撻伐，接著我們也將懷疑自己的價值。什麼樣的釘子如此銳利？是自我否定：如果沒有這些不合身的閃亮外皮，那我還擁有什麼？不念研究所不結婚不工作不生小孩不做家事不出國旅遊，那我還能如何被肯定？

還好，我們有孩子的陪伴，總是不吝賜給我們改變的勇氣與力量。

孩子的到來賜給「失落部分」的神奇力量

「好吧……但我們也過得挺不錯啊！爸媽也是為我們好嘛，不然怎麼在江湖走跳?!」

的確，在孩子沒來報到前，在還沒嚐過親子關係的致甜與極苦前，那些失落的被黑掉的部分永遠不見天日好像也無所謂。常言道不看醫生就不知道自己生病，過一天也是一天。但當「天然A尚好」的孩子，開始在我們面前展現出「當年我們不曾被父母接納」的無憂無慮、心無定性、內向小心、四肢發達時……你會無條件接納，還是覺得不太順眼，哪裡卡卡的？

當我們願意看見所謂的缺點，很可能只是自己過去不能被長輩欣賞、卻再自然不過的一部分時，我們便開始有能力接納自己的每一部分。這個開始，將能引領我們全然的接納孩子。例如，一位總是被自己的母親嫌棄「脾氣不好」的媽媽，過去三十幾年不斷地在「自責與修練」中度過。當她以為自己已經深諳情緒管理的精要時，卻被剛滿兩歲的寶貝女兒結結實實

「提醒」：

媽：「醜爸，不知道是出什麼問題，我女兒真的超會生氣的，脾氣也太差了吧！」

醜：「超會生氣……妳是說她說話很急很大聲、缺乏耐性？還是有什麼行為特徵？」

媽：（思索一番）「我覺得她應該是講話很急很大聲，因為只要我猜到她想要什麼，就立刻停了。」

醜：「嗯嗯，這樣也不是什麼脾氣不好，媽媽妳結論跳太快啦。」

媽：「怎麼說？」

接下來我們進入深刻的對話：我和媽媽分享，不是每個人都會把「講話很急、很大聲」跟「脾氣不好」畫上等號，她會這樣做，應有其生命歷史的脈絡。我們一起把「自己從小就被嫌脾氣不好」、「自己也是個急性子」、

「看到孩子急性子莫名地就焦慮起來」等評語、評價連結起來，發現她無意識地否定孩子「急性子」這部分，而「脾氣不好」這代代相傳的「急性子專屬形容詞」，就成了她童年時「被整形」的好理由。

媽媽明白了，「急」不是什麼缺點、更沒什麼問題，就是孩子天生氣質的一部分。只是在有機會好好正視這部分的自己之前，已經跟著長輩一起學會嫌惡這樣的自己。一急，就覺得自己很糟；講話一大聲，即被母親否定、貼上壞脾氣標籤。自我價值低到谷底的她，只能一次次困惑但認命地學習母親所謂的「從容」好品行。這樣的否定自己，也許同時種下長期胃痛的根源。

從深呼吸開始，我邀請媽媽承認自己的急，並欣賞它曾經為她所做的一切。像是做事有效率、腦筋轉得快……等。這些對自己的欣賞，是轉化的起點，也是全然接納孩子的開始（如何轉化，請見〈擁抱並運用屬於自己的豐盛資源〉）。眼看醜叔叔話講太多，孩子急著要走，她反而不急了。

「醜爸，我看懂她了，不過就是急嘛。」

是啊，何來的脾氣不好呢？

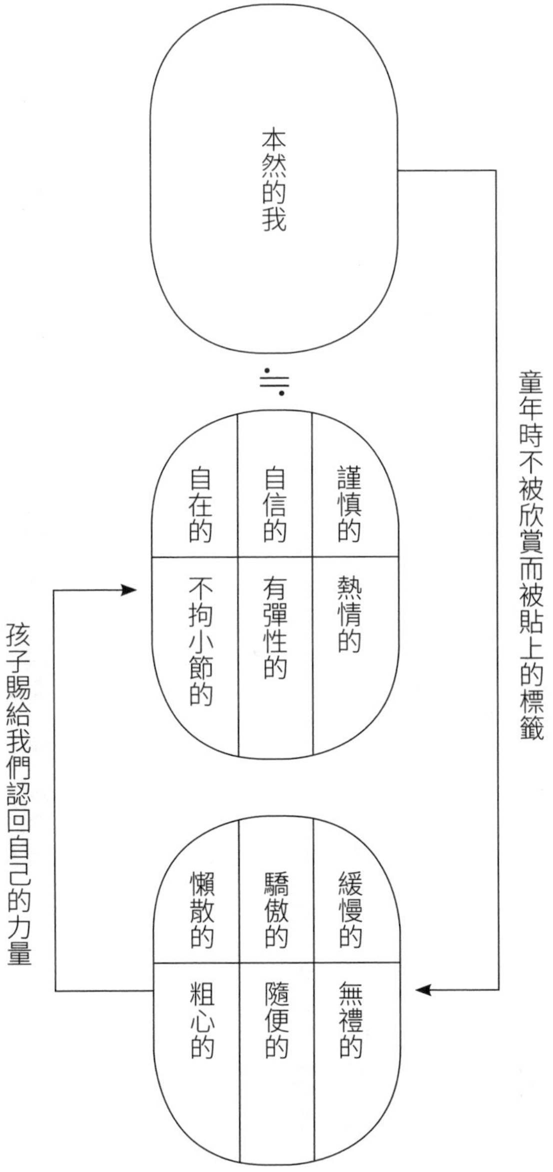

從覺察到感受：與人深刻的連結

從西方如來到東方智者再到臉書部落客，甚至連這本小書都強調覺察的重要性，但……覺察究竟是什麼？其實沒有任何深奧之處，只是因為我們經常被「自以為」困住，因此需要停下來、看看自己發生什麼事。事情真如我們所想像的嗎？覺察就是這個「看看自己」的起點。

下個問題來了，「那怎麼知道什麼時候要覺察？」對我這種憨慢遲鈍的動物而言，最簡單的提醒就是「情緒來臨時」。更精確地說，是「憤怒、傷心、恐懼，這些被標籤為負面的情緒來臨時」。

舉個例吧。

手足衝突，爸爸自以為溫和且堅定

一天，聽見老大跟老三有言語爭執，抬頭恰巧瞥見老大拿著小本子打妹妹一下。老大雖然偶爾捉弄弟妹，但不愛衝突，我猜妹妹也激怒了她。我走過去，問道：「發生什麼事了？」姊姊氣沖沖說了一堆妹妹的不是。聽完後，我問：

「ok，所以妳很生氣就拿本子打她？」

「我沒有打她！」

此時我的心情已受到影響，畢竟我一直都帶著好奇心、不責備任何人的態度趨前詢問，但姊姊一股腦兒地把鳥氣都往我身上倒（這裡是第一個覺察點！但明顯我錯過了）。

「姊姊，妳有沒有發現我從剛剛到現在都是好好講話？」

姊姊不置可否，瞪我一眼。

「我看到妳拿本子打她才走過來，妳又說沒有……」

高分貝打斷、抗辯：

「我只是嚇她而已，沒有打到她！」

「那妳為什麼要嚇她，是妳拿了她的本子耶？」

「我不想說！」

不想說?!是的，這時老父結結實實被激怒了，也乾淨俐落地直接跳過第二次覺察機會，把她叫到房間，老套地訓話＋說教＋和解了一頓。

身心俱疲。

就當時情況而言，爸爸前去關心卻被潑冷水，孩子挨一頓罵只是剛好而已。但若如此，為何老父心頭惴惴不安？不是應該罵得暢快淋漓、無愧於天地嗎？衝突後的鬱悶、懊悔，也是可以覺察的機會！雖然已於事無補，但總不能每次都只告訴自己「下次我不會再犯了」吧！把握機會好好審視暴走後的自己，就可以找到調整的契機。

跟哆啦A夢借時光機，重來我會這麼做

回到第一次覺察機會，在悄悄升起的怒意下，其實我感到委屈。身為一個父親，擁有心理諮商學位與相關經驗，我對自己有很高的期待：期待自己和孩子建立開放自在的親子關係。同時，也期待姊姊可以看見我的努力、感謝我的好意關心。這是為何一開始我可以承受她強大的情緒，接著卻不容許自己的努力被無視。

如果我能在那時好好感受自己的委屈，看見大女兒的怒氣跟我對自己的期待其實不相干，女兒不應為我的內心八點檔負責。允許自己如果不能 hold 住，就別淌這手足渾水。

好吧，現實是我沒把握第一次覺察機會，不但救火失敗，自己的憤怒指數還節節上升。當姊姊大叫「我不想說」時，我內心的好爸爸小劇場戛然而止，「我想當個好爸爸」的期待破滅、付出關心沒得到回報，霎時我感受到憤怒、失望、挫折，甚至丟臉。什麼幫助孩子釐清事實、公平對待每個孩子早已拋到九霄雲外！

有看過電影《腦筋急轉彎》（Inside Out）嗎？住在主角大腦內的五個角色，代表了五種情緒（喜樂、憂傷、害怕、反感、憤怒），平常運作得非常順暢，但遇到重大壓力事件時，每個情緒都亂了手腳，不知如何是好。這時最後出來收拾殘局的，是憤怒。一怒解千愁，大家就來比輸贏，別再管什麼情緒適不適當了。

當時的我下意識只想逃離腦袋裡亂成一團的負面情緒，貼心的「憤怒」立即跳出來掌控全局。如果能在那時好好感受自己的失望與挫折，允許自己可以是沒有效能的，提醒自己孩子在當下需要的是情緒上的接納、理解，而非一連串的偵查詢問，我的應對將會有所不同。一直問只是為了滿足我的好爸爸需求，消除我「妳們怎麼會打來打去」的焦慮，但這些都不是孩子們當下的需求。

先自在感受自己，我們才能真摯體貼他人

可以把上述例子整理成五步驟：

1 生氣時（或其他負面情緒，例如悲傷），無論如何都告訴自己「**等一下，嘴巴拉鍊關緊！**」

2 感覺看看，**當下真實的感受是什麼？**生氣底下是傷心、害怕、還是挫折得要命？

3 **這些感受是誰造成的？**先把孩子的行為套進「因為你○○○，所以我覺得很生氣」的句型。例如，「因為妳用本子打妹妹，所以我覺得很生氣。」再來，把生氣替換成你在步驟2察覺到的更深層感受。例如，「因為妳用本子打妹妹，所以我覺得很挫折。」這就讓人好奇了，為什麼手足爭吵會讓我感到挫折啊？應該還有其他原因吧？是不是我對孩子有什麼期待呢？

4 **找出讓自己感受到○○的真正原因**。從上述例子中，真正關鍵的感受是挫折；讓我感到受挫、勃然大怒的原因，是想要孩子看見我好棒棒，也期待自己可以完美詮釋父親的角色。

5 **可以不要讓孩子為這些感受負責嗎？**孩子不是惹怒我的兇手，無法、也不需要為我的挫折負責。孩子要面對的，是自己的感受，對手足的期待，找到解決問題的方法，及下一次遇到類似衝突時，該怎麼做。

五步驟從覺察開始、問題解決結束，當中的關鍵便是「感受」。在台灣大力推行薩提爾模式的李崇建老師經常說「在感受裡工作」。當我們愈貼近自己的感受，愈有能力看見自己究竟是被什麼困住了。如果每次都是逃避面對自己，總是大吼「你想氣死我啊」，不但遠離自己，也是跟孩子斷線。線斷了，問題更不容易處理。

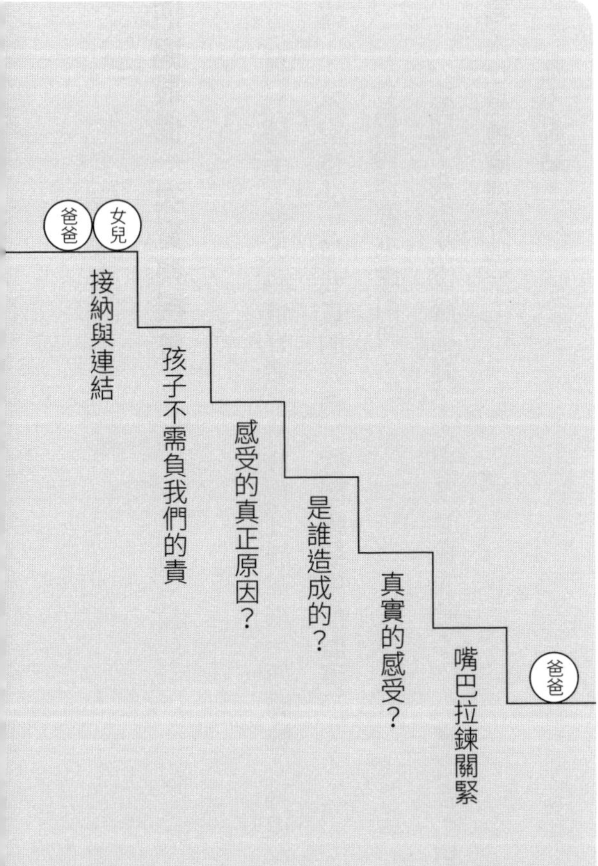

把握最後一次覺察機會

過一陣子，老大心情好多了，我也沉靜下來，便問她：「現在可以跟我說……不說也ok，但我真的好奇，妳剛剛發生什麼事了？」

「我覺得你要來處罰我。」

「處罰？我很久沒處罰妳了，頂多是罵人吧！」（謎之音：這位歐爸，罵人也是種處罰好嗎）

她不說話。

我可以接受她的不說話嗎？可以的。我清楚看見自己又想要說服。拒絕說話的妳，是忠實於自己的感受，不想再跟我白費唇舌；拒絕說話的妳，並非無視我的愛和關心，也不否定我的付出、更不影響我的價值。妳就是妳，我真誠美麗的孩子。

最後一次覺察的機會，我把握住了。

謝謝不說話的妳。

釐清自己的需求與對孩子的期待

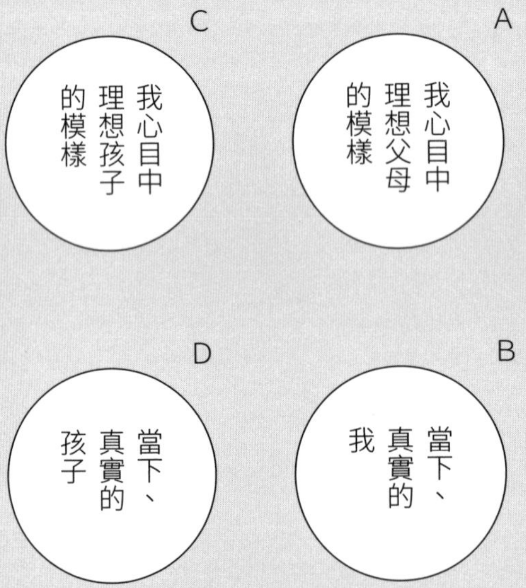

A—C，A—D
B—C，B—D
四類親子互動，
在你們家是哪一類呢？

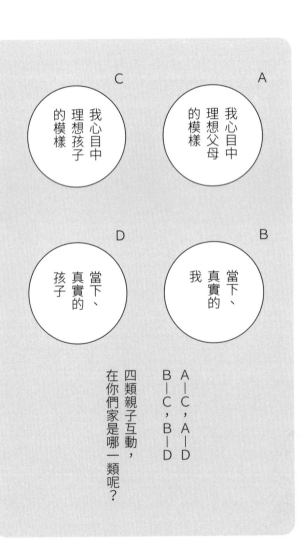

身為群居、社會性動物，當然對彼此會有期待。看孩子就好了，對我們的期待簡直就如長江黃河般綿延不絕（不吼不罵不打，溫柔陪伴同理）。雖說那主要是因為孩子年紀小，行為能力有限才產生無限期待（有錢、會開車可能就不理我們了），但孩子那份對父母的期待始終是真實地存在著。

而且孩子對大人的期待跟大人對小孩的，有個很大的差異：孩子經常「直接單純」表達他們的期待。例如：

「我要吃冰。」

「我要買機器戰士！」

「你不准去上班!!」

如果這三句修改一下成為大人的情境，可能會變成：

「天氣有點熱啊（開始擦汗），你們想吃些什麼？」↑我想吃冰！

「老婆，在逛蝦皮啊？最近在打折齁……在湊免運費啊……」↑妳會不會買太多了？

「特休還有嗎？還有三天……沒用掉挺可惜，要記得用喔！」↑現在就請假陪我出去玩！

我們對心愛的人有許多期待，或者，我們期待他們「看見我們」，滿足我們的需求，甚至能為我們的負面情緒負責。於是乎，不「純」的期待，反而成為人與人連結的阻礙。

不「純」的期待

大人經常在對他人的期待中「摻了很多雜質」：話不但不說清楚，還要別人猜，有時甚至自己都不確定想要什麼。要猜透我們的玻璃心，不難想像對直白的孩子真是難上加難。

我們在對孩子的期待中摻進什麼呢？可能有：

1 對自己的期待

「成為受人稱讚的好父母」應是不少父母的目標，尤其當童年時期總是得不到父母稱讚，或相反的，從小至今都是在鎂光燈和掌聲中長大，在任何事上都要得到肯定。但當然不是去租台吉普車，踩在板凳上用擴音器大喊「喂鄉親啊~我是好父母！」大家就會給你肯定，而是需要孩子的「好表現」來幫忙。因此雖然口口聲聲說高期待是為了孩子好，但其實是為了那「走路有風」的港覺，只好對他們恨鐵不成鋼了。

2 對角色與責任的焦慮

盡責的父母容易「災難性思考」，有時孩子只是無心之過，卻會被擔心變成「不良習慣」。這樣的父母把不合理的焦慮摻雜在合理的期待裡。例如知名俚語：「小時候偷摘瓠，長大偷牽牛」。父母在孩子犯了小錯時即用滿清十大酷刑矯正孩子，很可能是「無意識地自責會不會是我教得不好？」所導致。甚至，那層對做不好的焦慮，是來自害怕長輩、伴侶突如其來的指責：

「孩子怎麼教的？妳這個媽怎麼當的?!!」

3 未滿足的期待

成長過程中，每個人多少都有些未被滿足的期待。例如，我們一直期待父親的肯定，即使只是一抹微笑、一個拍肩，都讓人覺得自己是有價值的。未滿足期待也許會在我們成年、有能力後漸漸隱身，直到熟悉的親子關係中才又浮現。雖然角色已大不相同，但想被肯定的渴望仍是強烈的。

這個極需被滿足的渴望，會讓我們做得再好，仍然覺得不夠，感到空虛。即使孩子已經樣樣頂尖，老師同學讚譽有加，伴侶長輩臉上有光，我們還是不滿足、仍舊覺得孩子可以做得更好。童年時形成的低自我價值感，影響我們堅信這渴望必須由「他人」來滿足，於是我們持續期待孩子，期待他們完成不屬於自己的責任。世上除了自己，無人可以滿足那空掉的心。

4 過去的偏見

例如，即使一路長大，我們無數次的告訴自己「成績算什麼啊！怎麼能用分數來評判人!!」但當孩子和同儕在同一套評分系統下被比較時，過去被植入「分數至上」的強烈偏見仍會飄進父母腦海，不禁思忖：「這種鬼字真的不用叫他重寫?!」「考這樣真的沒關係？」「不念私校以後有競爭力嗎？」

許多過去的偏見是父母師長、甚至社會用生命洗進我們的腦海裡，不是我們讀了幾本書、在ＦＢ上鏗鏘有力的和同溫層們呼呼口號就可以格式化掉的。那些偏見如同背後靈般存在，悄悄滲入我們對孩子的期待裡。

有覺知地過濾，真誠地表達

容我用手足相處為例，簡單介紹過濾掉上述雜質，為何可以增進親子關係。例如，孩子們三不五時拳來腳去，為娘的憂心不已，總是要他們「相親相愛」。然而這看似合理的期待，可能摻雜了：

．**對自己的期待**：我看了很多書也上了很多課，還辭掉外商PM工作伺候你們兩個，阿怎麼你們總是不上道？到底是要我做到什麼程度啊?!

．**對角色與責任的焦慮**：如果我現在沒幫你們相親相愛，是不是以後會仇視彼此?!你今天呼他巴掌，十年後是否砍他腳筋?!

．**未滿足的期待**：身為長女，父母總是要我禮讓弟妹，即使我已經用盡洪荒之力犧牲自己的權益，父母還是覺得不夠！對你們我絕不要重蹈覆轍，你們必須相信我對你們的愛是一樣的，你們不能討厭對方！

．**過去的偏見**：孩子處不好就是父母沒有教好，父母沒有教好就是太放縱！一定是我對你們不夠嚴格，從今天開始皮帶伺候！

針對這四項雜質，好好沉澱、過濾，就會是我們成長的開始。對於孩子要「相親相愛」的期待，有多少是真正與孩子「現在的行為」相關的？哪些是真正屬於孩子的責任？有哪些是父母能力可及、而不至於過於損害他們自主性的？我們會不會涉入過多，以為人定勝天甚至逆天，反而讓孩子間的相處充滿壓力？

- **對自己的期待**：想想自己、問問身邊的朋友，甚至 Google 或問鄉民，究竟年幼時的手足關係，多能預測成年後的手足感情？其實許多人經歷了相反的結果——小時候打得死去活來，長大後恩恩愛愛。
- **對角色與責任的焦慮**：與其相親相愛，不如跟孩子一起找出「相處之道」。父母的「努力」干預，經常是在化解自身的焦慮；不斷地立即、強制地調解他們的衝突，可能弱化了他們找到相處之道的能力。

要求孩子喜愛彼此也許不是我們的責任，畢竟感情是勉強不來的啊！

・**未滿足的期待**：我們愈想讓自己看起來公平，愈無法接納我們自己可能的偏心，反而錯失了真誠接納每個孩子的機會。我們需要先面對內心那位被偏心錯待的孩子，不讓「想被肯定」的需求竄出來影響我們的生活。讓一切看起來公平公正合理，是我們未滿足的需求，但不見得是孩子眼中的日常。

・**過去的偏見**：嚴格的管教有可能培育出互愛互敬的手足嗎？敬、愛一個人是用「教」的？那這世上還會有無法成眷屬的情侶、抱憾終生的親情？父母對孩子有許多至高無上的權威，但相信自己只要火力全開孩子就能任憑擺佈，是錯估了人性，也徒增挫折感。

這時你可能會發現，孩子無論排行第幾，從來就不能自由地決定如何與

「可能是這一生陪伴他最久的人」相處。他連「試試看」討厭對方一下下都不行；父母早以強大的定見，及一堆有的沒的「規條」決定好他們該怎麼相處了！孩子可以選擇、嘗試和朋友相處的方式，但面對自己的手足，卻只能相親相愛！

當然不是說我們要眼睜睜看著孩子仇恨彼此，而是如果先放掉我們自己不純的期待，面對內心活跳跳的焦慮與恐懼，用「人」的角度看待孩子，也許比較能同理這種被剝奪自由的人際、被迫分享絕大部分資源的關係，手足間老是擦槍走火並不意外。

如果父母可以接受他們一時對彼此的真實感受（但仍須遵守安全第一的界線），只是期待他們能漸漸理解彼此、找到相處之道，而非不斷灌輸既定的「你們一定要相親相愛」、「你們絕對不可以討厭對方」，孩子自然會有被尊重的感覺，也相信父母是想要幫忙，合作的氣氛於焉形成。

教養的力量從哪兒來？

看過電影《雷神索爾3》嗎？如果沒看過，容我用最簡明的文字向您介紹：

索爾是個用槌子打架的神，雷神之槌可以呼風喚電，還能讓他飛行，而且異常堅固……卻突然間被輕而易舉地毀了。毀的不只是槌子，連帶著索爾雄獅般的自信也灰飛煙滅。當求助於被他視為一生偶像、但即將仙逝的父親時，父親說：「你是雷神，還是槌子神？」索爾答不出來。他是雷神，但他一直以為有槌子才會有力量。

現在槌子沒了、父親走了，力量從何而來？

教養的力量，從何而來？

就我的觀察與長期和母親們工作的機緣下，以為答案是「從母親的身分和專業而來」。

社會對母職的期待

成為母親後，許多作法是出自「愛孩子」，但當中也夾藏著不少「身為一個媽媽，我應該……」在其中，姑且稱之為「社會對母職的期待」。但這樣的期待並不討喜，已有成堆的文章論述「社會期待是如何壓迫母親」、「媽媽呀請別逼死自己」、「阿木請你也保凹凹凹重」，種種敲擊到母親們的心事誰人知，獲得媽媽們的熱烈迴響。敲擊歸敲擊，母親們的日常，仍會不由自主地望向社會對母職的期待，企盼解答。

再來是「**專業**」。我們是在台灣專業萌芽的時代長大，受的是成為某領域專家的教育，因此任何言論只要讓我們嗅到專業的味道，就覺得該給予尊敬的眼光及勇敢的接受。因此如果專家這樣說，我們也覺得挺投緣合意的，就該切身執行反躬自省。覺得不對勁？自家小孩不受教？別急，A專家行不通，甲專家一定有妙方。

「這樣有什麼不對，盡到一個媽媽的責任、聽專家的話，才可以把小孩養得波兒棒啊?!」

這倒是，只是這樣好像誰當誰的媽都可以？畢竟媽媽的責任早已洋洋灑灑，專家的話族繁不及備載，只要夠認真，我們都可以是任何人的母親？當然不是如此！我的孩子就是我的孩子，我是天底下獨一無二孩子的親娘！

這支持「獨一無二」的力量，若不是來自社會定義的母職，也非專家循循善誘的見解，究竟從何而來？

真誠地站在孩子面前

「為什麼一定要穿褲子／鞋子／襪子？」

「這麼難吃為什麼要吃？」

「我不喜歡阿公，我不要去阿公家！」

這些充分反映出「孩子想要主導」的問題，依據社會母職及專家論述，一定有富有教育意義的答案，Google 一下將出現上百搜尋結果。但親愛的媽媽爸爸，你自己的答案是什麼？能否用自己的話、自己的人生經驗來回答？如果你的答案不符合社會期待，會願意說、還是壓抑？

回答這些問題是為了十年後準備，準備自己可以更真實站在孩子面前：

「媽，妳第一次性行為什麼時候？」

「為什麼不能抽菸？爸，你抽過嗎？」

「騎機車方便又快速，我會好好騎，怎麼可能會被抓到？」

親愛的爸爸媽媽，你的答案是什麼？

河合隼雄先生在大作《孩子與惡》提到，許多大人躲在正確答案背後，逃避面對孩子的掙扎與衝撞，最終失去了與孩子的連結。母職的必須與專家的權威，好似賜給我們真理的劍與道德的盾，我們可以躲在劍與盾的後頭，因為已經為孩子準備好正確答案，他們有天會懂得。

我們給孩子的答案，他們是懂得，而且很早就懂，但無法深入到他們內心的掙扎與衝動。**孩子想知道「媽媽，妳走過嗎？妳跟我一樣興奮又無助嗎？那是什麼感覺妳知道嗎？爸爸，你曾經像我一樣不顧一切、卻又極度需要認可嗎？」**

孩子需要的是「**活跳跳的生命**」**與正確答案（如果你相信有的話）共處的存在，就是我們**。如果父母總是說著自己小時候也不相信的╳話，甚至以「這樣對你現在比較好」、這種自己也不全然接受的理由在忽悠孩子，難道只要加上同理傾聽溫和且堅定，孩子就會說「謝謝我知道了」？

那我們究竟跟誰誰誰的媽媽爸爸有什麼不同？

擁抱你的生命力量……還是可以拿著槌子

雷神相信槌子的力量勝過一切，甚至忘了力量的來源是他自己；我們是否跟他一樣未曾相信過自己，而是企盼可以擁有一把萬夫莫敵的槌子，也就是從社會對母職的期待和專家的解答，支取力量？

當孩子藉由詢問、挑戰、衝撞我們來接觸世界最真實的一面時，我們要拿起槌子大力砍下，還是徵詢自己內在、能滋養另一個生命的強大力量？重整自己的生命經歷，曾經的火花、過往的痛悔與激情，能否成為滋養孩子的豐厚資源？

「可是……可是……我小時烏烏，大了也不佳，哪來的蝦咪生命力啊?!」

親愛的媽媽爸爸，孩子小的時候，也許需要我們給予堅定的答案、正確的選擇；當他們開始用自己的學習重新理解世界時，我們的角色更多是陪伴、是一起面對挑戰。**父母一路走到今天，呈現給孩子的不見得是成功樣板、社會棟樑，但有生命獨特的樣貌。帶著自信和熱情，讓孩子看見每個人都可以活出自己的與眾不同，這也是一種身教。**

當然，我們仍可尊重社會對親職的期待，專家的貢獻也有其意義，但在最底層的，可以真正接住孩子、與他們連結的，是我們自己。

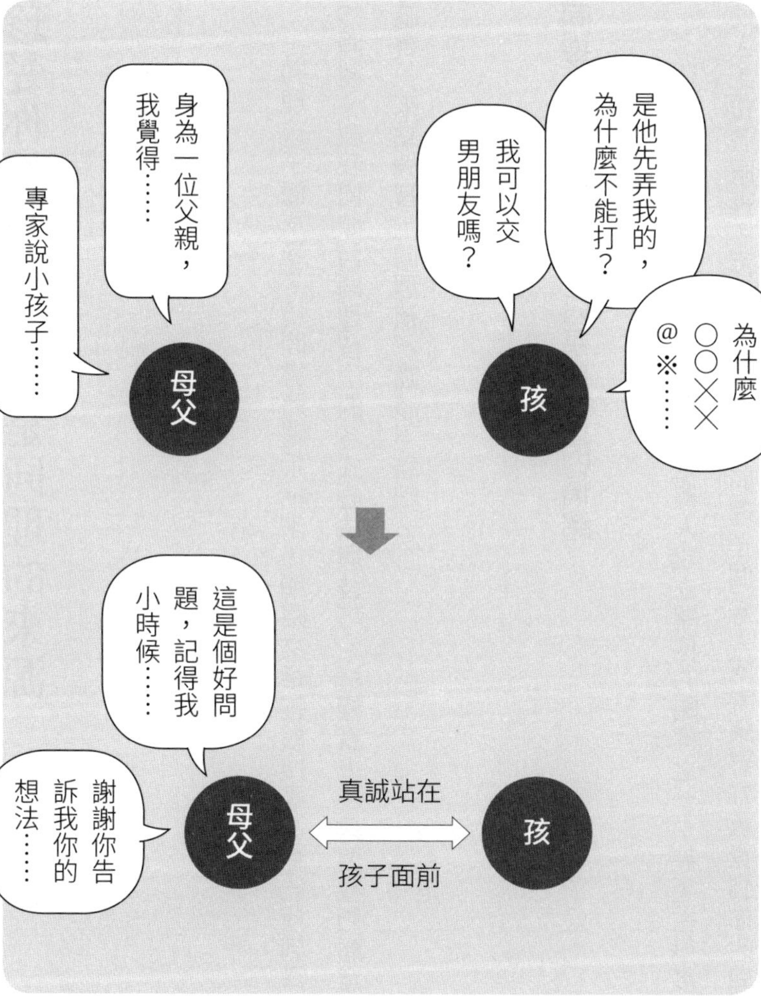
是他先弄我的，為什麼不能打？
我可以交男朋友嗎？
為什麼○○××@※……
孩
身為一位父親，我覺得……
專家說小孩子……
母父
這是個好問題，記得我小時候……
謝謝你告訴我你的想法……
母父
真誠站在
孩子面前
孩

珍愛你的脆弱，那是同理的來源

同理孩子簡單嗎？坊間書籍隨手拈來，網路文章輕鬆搜尋，都能找到洋洋灑灑、教我們如何同理孩子的各式心法與技巧。這樣看來，只要我們願意讀書，來點練習，同理孩子應該不難吧？

同理孩子需要的不只是懂他的情緒

在心理諮商的世界，「同理」是與人建立關係的關鍵之一，甚至在很多助人工作者眼裡，沒有之一。要能同理一個人，或者讓對方感覺到你的同理，多少要和他在同個頻道，彼此才能達到共鳴：一種互相理解、但又保持著微妙距離的狀態。如果拒絕對方當下的狀態，同理將流於形式，反而讓人感到假掰。

這是為何教養工業不斷強調「搞懂孩子的情緒」，畢竟情緒是一個人內在感受的表現，如果情緒都沒對上，彼此很難在同一條船上，更別說同理。許多母父緊抓此訣竅訓令，卻還是頻頻卡住，不禁抱怨起同理無用：

「怎麼哭這麼久啊？愈同理愈誇張耶！」

「這小孩也太會生氣了，同理根本是寵壞她!!」

「連續劇一集六十分鐘但這位小孩的內心戲無極限啊!!!」

在這些點卡住的父母，通常把同理當成一種「解決問題的方法」，以為只要做到同理，孩子就能收起淚水、掛上微笑。我們心裡想的是「小子，我同理你的情緒了，該展現出你的誠意吧！」**然而同理並非教養技巧，而是幫**

助父母能感受孩子，將心比心如果自己也那麼痛苦時，會希望如何被對待？同理孩子並非就什麼都不做，只等著孩子改變，照顧者仍可執行當下覺得適合的教養，若這樣做能照顧到孩子、情境跟自己，也不至於妨害他人。例如，你可以同理孩子的情緒，但仍要求他把桌子收拾乾淨，或允許他先休息三分鐘再回來完成工作，即使邊哭邊做，毫不違和（更多的同理心請參考〈歡迎光臨同理心養成班〉）。

然而最大的前提是，我們真的同理了孩子嗎？其實很多時候是沒有的。我們也許接受了情緒，讓他們哭、允許他們生氣，但卻沒有和孩子一起停留在脆弱的情感裡。孩子在意的也許根本不是能不能哭，而是我們有沒有看見他的無助與痛苦。

脆弱，也許是最不能被大人們接受的情感狀態。

無法與孩子停留在脆弱裡，因為我們無法接受自己脆弱的狀態

「脆弱」大概是最不能被接受的情感狀態。孩子崩潰大哭，我們受不了的不是他們極端的情緒，而是那個崩潰透露出孩子的不願意、或無法撐住自己，且意圖進入到完全的依賴，要父母接住一切。

「好啦，六個月小孩我認了，三歲了就要收斂點，不能太誇張吧?!」

這是很普遍的想法，背後的假設是：**長大就不能脆弱了，或是要有條件的脆弱，不然就是無用失能**。父母不會、也不應該陪伴在脆弱中的孩子，那會慣壞他、讓他以為自己可以為所欲為。

這個假設來自原生家庭的父母。過去充滿比較與經濟壓力的年代，即使父母成就平平，對孩子卻有著高聳入天的期待，看著每個新生兒都好似望見下個大老闆、諾貝爾得主，只差不是耶穌基督。無論男孩女孩，盼望我們成材成功，母父們卻也期待我們快快長大、盡可能少添麻煩。

如果你跟我一樣曾讓父母失望過，應該懂他們臉上那個「恨鐵不成鋼，

生你來磨娘」、摻雜各種絕望憤怒後悔悲傷殺氣騰騰的表情，訴說著「你已經長大了！沒資格再表現出那個樣子！」身為孩子，我們選擇任何可能的表達，但不能軟弱，哪怕一時片刻都足以勾起父母最深的恐懼：孩子不夠好，人生去了了（閩南語發音）。不夠好的孩子得不到關愛，反而換來指責及孩子最深恐懼的威脅：被拋棄。

於是我們學到諸多不著痕跡的隱藏技巧，寧願在父母眼中是個愛哭、蠻橫、自閉、或者油腔滑調的孩子，也不願意被瞧見我們的脆弱。

我能壞，不能弱。弱，連被注意的機會都沒了。

看見脆弱的價值，捨棄無謂的標籤

如何重新練習，讓自己可以多點停留在脆弱的情感裡？請參閱本書〈照顧嗷嗷待哺的內在小孩〉、〈探索「原生家庭」的影響〉等文，溫柔的親近自己的脆弱，體驗身為人本來就可以擁有的各式情感狀態，不需要他人的同意、也不用尋求認可。

當那些孩提時就應該熟悉的狀態重新回到生活，你會發現孩子崩潰時，你不會先注意到他的情緒，而是他不知所措、暫時退化的狀態。接納這樣的無助、軟弱，同理心油然而生，因為你明白那不是胡鬧、也非無能，而是成長過程中的正常負能量釋放：**小孩每天在巨人國闖蕩，焉能不氣餒，何以不抓狂？**

同時，你也感受到身為母父的辛苦、人性的脆弱，雖然只是暫時的無助，但要接住他的是你啊，那誰來接住你呢？這個多麼痛的領悟，不是要你抱著孩子一起哭（如果你不介意其實我不反對），而是在那個當下，可以先放下「努力」，轉而承認你和孩子的無能為力。**我們不會變糟、也不是沒救，而是這回合結束，我們都需要放手休息**。

面對脆弱的孩子跟自己，我們可以無所作為，可以停滯不前，但我們的心是溫柔的，不再控告孩子與自己。這回合結束了，無論是扛走孩子，給他糖吃，拿出手機有請巧虎（換你吃糖），都是體貼的自我照顧。等下回合開始，再和孩子想想下次崩潰前能一起做些什麼。

母父不需要永遠知道問題如何解決，但我們可以示範給孩子看：感到無能為力是可以的，因為有人懂你，會陪伴你重新找到方法，感到充滿力量。

一次又一次。

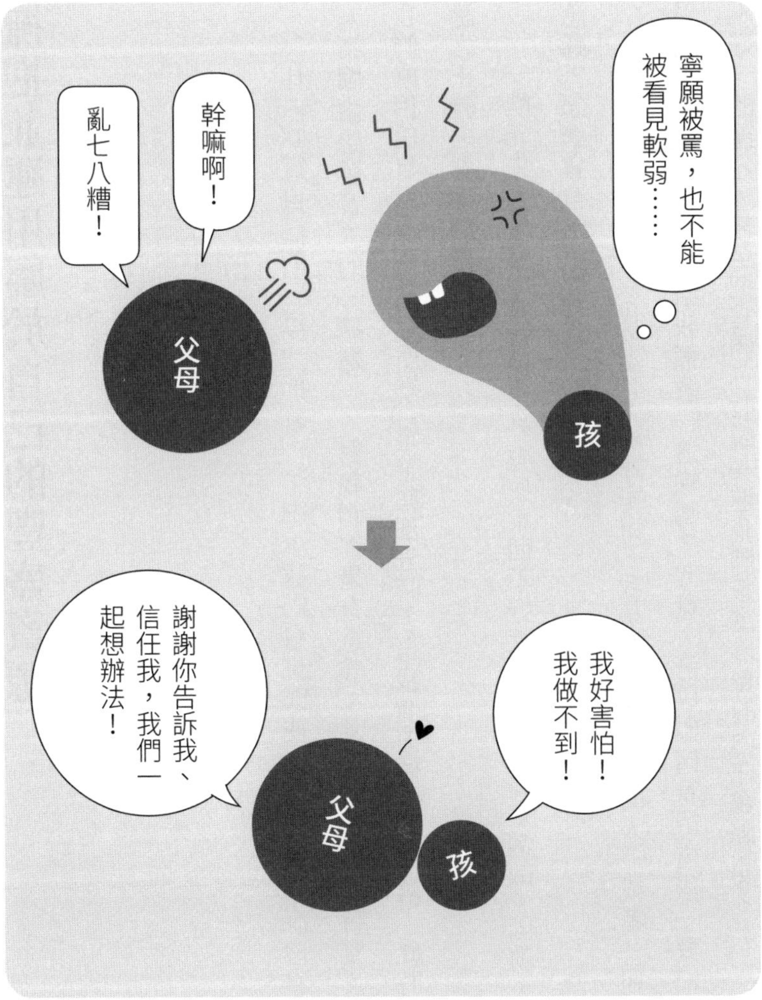
寧願被罵，也不能被看見軟弱……
幹嘛啊！
亂七八糟！
父母
孩
我好害怕！我做不到！
謝謝你告訴我、信任我，我們一起想辦法！
父母
孩

擁抱並運用屬於自己的豐盛資源

在〈欣賞自己的「每一部分」〉中，我們看見即使從小被嫌到流口水（請閩南語發音）的「缺點」，對我們都是有意義、甚至是重要的特質。我們愈相信自己不夠好、需要否定某些部分時，自我價值便愈趨低落。此時謎之正義之聲即悠悠傳出：

「醜先生，您豈不妖言惑眾?!有些東西不好就是不好，像是懶散、固執、急躁，怎麼會有啥重要意義呢？」

是啊，會有人喜孜孜地說「感謝宇宙，我是個急躁固執的人」或者「親愛的上帝，謝謝祢賜給我懶散」這樣嗎?究竟，可以如何看待這些「賣相不好」的部分，甚至把它們「收編」進我們豐富珍貴的內在資源呢？

承認、欣賞、感謝它們曾為你做的一切

所謂的缺點，真的一無是處嗎？

就拿急躁來說，A生長在八口之家，祖父母加兄弟姊妹，不急大概不會有人看見你的需要；倘若又不是身強體壯的長子長女，也非惹人憐愛的么妹么弟，動作不快點性子不急點嗓門不大點，淹沒於人聲鼎沸的嗷嗷眾口即成為日常。換個情境，同樣是八口之家，B從小生活不虞匱乏但規矩嚴謹，每個人都有家務分配。面對無聊的日常生活，只好優游在想像的世界裡，事情也不需急著做。雖然被責備懶散、不積極，但「趕快、著急」有什麼好處？不就是再做更多無聊的事嗎？

A的急躁、B的懶散，都是一種資源，讓他們在生活中掙得更舒服的位置。父母、長輩的批評也許言之有理，但這麼多年來這些看似負面的「個性」也老老實實幫了A跟B許多忙，滿足他們求生存所需。

鏡頭回到我們身上，這麼多年有多少所謂的個性、特質，被我們嫌棄、

背黑鍋皆無怨無悔？它們雖然醜，但肯定是溫柔的無與倫比，值得我們深深地承認、欣賞、並感謝它們的存在。

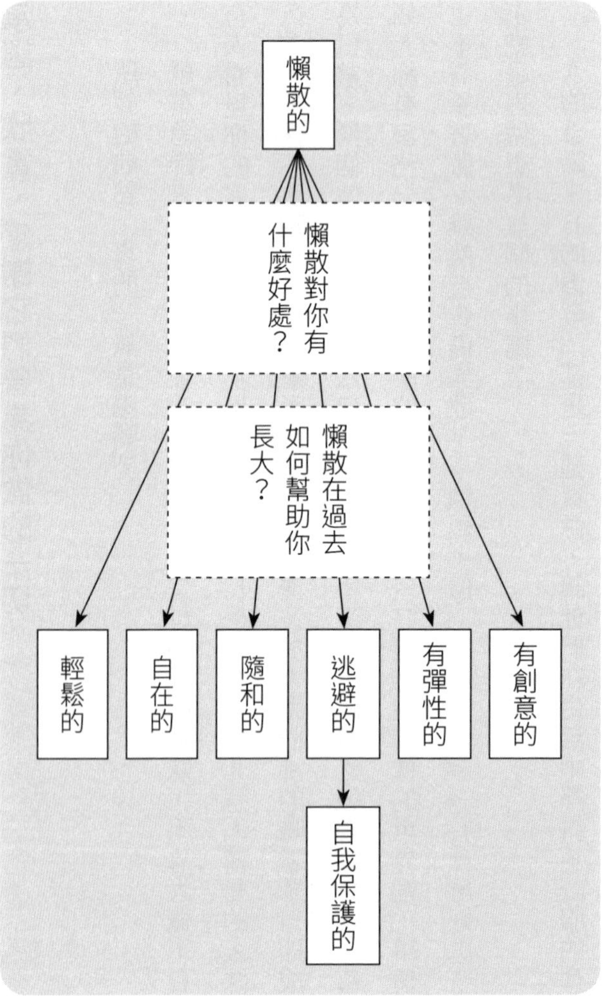

進行正向轉化，賦予新意與釋放能量

「好啦，我承認也接納自己的缺點，我就是個懶散又急躁的人？怎麼覺得哪裡怪怪的?!」

雖然我們已看見所謂的缺點也是我們的一部分，但被貼上幾十年的「負面標籤」仍舊緊黏其上。標籤伴隨著是對自我的否定，當初父母長輩隨之施加的責備批評也形影不離。下一步我們除了撕下標籤，也進行更深入的正向轉化。

1 寫下想要轉化的特質、個性，例如「懶散」。

2 閉上眼睛、進行深呼吸（可以上 Youtube 搜尋正念呼吸，有非常多優質影片教學／示範），找到最感到自在的呼吸長度、間隔，連續進行六至十次，覺得呼吸平穩，姿勢放鬆。

3 在腦海創造一個當你懶散時的畫面，試著感受，懶散的你是什麼模樣？當你表現出懶散的一面時，通常有什麼目的？也許你感覺到累了，想要變換一下心情，或者舒緩壓力？

4 把你想到的可能性，以形容詞寫下。例如，在心中面對著「懶散的你」時，可能會浮出「輕鬆的」、「自在的」、「隨和的」、「有彈性的」、「有創意的」這些形容詞。你一定可以想到更多，不要限制你的感受，把每個被你接觸到的形容詞都寫下來，即使是負面的。

5 看著這些形容詞（先把負面放一旁），覺得如何？正在訴說現在的你嗎？願意把它們圈起來，取代你的「懶散」嗎？於是，當你感到疲累、或是有壓力時，可以告訴自己：「我是可以感受到自在的，我也是有彈性的；我選擇放鬆，接受自己有休息的需求。」

現在，你不是一個懶散的人，標籤已經被撕去，不用再如此定義自己。去標籤化的負面特質將釋放出正面力量，幫助我們看見底下有好多豐富的資源，原來我們是自在輕鬆的，也是擁有彈性的。**當我們想要休息、改變計畫、喊個暫停來照顧自己時，可以做出選擇，不再感到罪惡**。

整合其他資源，為自己負責

進行上述練習時通常會遇到兩個問題，第一個是在上述第4步驟出現的「負面形容詞」，該拿它（們）如何是好？既然我們剛學會了一整套正向轉化的方法，何不馬上依樣畫葫蘆，為這個負面特質做一次轉化呢？例如在上述第4步驟時，腦海出現「逃避的」，待轉化完懶散後（結束上述第5步驟），回到第2步驟，但這次的主角是「逃避」，接續完成第4、第5步驟。

「醜爸，如果轉啊轉啊七彩霓虹燈好幾回，就是有負面特質、形容詞轉不掉，那是不是就證明我的劣根性？」

這就是上述提到的第二個問題，表示你真心、誠實的在做這個練習。我們不需要很歡樂，用一個下午把自己轉得金光閃閃、正面無敵，無條件捨去任何負面特質，而不坦誠地接觸那部分的自己。如果你無法、或是不願意轉化某個負向特質，也許是因為還沒準備好接納自己的某部分。不要緊，**請接納「還沒準備好的自己」，暫時在心裡找個位置，安頓還沒準備要面對的部分。**

來一場和自己和孩子、孩子和自己的和解之旅吧！

當所謂的缺點可以被轉化成富有能量的正向特質，我們可以選擇用全新的語言與眼光來看待自己。同樣的，我們也能和孩子一起進行這個練習。這可以是一場充滿生命力的療癒之旅，我們在過程中向孩子承認所犯的錯誤，也許我們用了不當的標籤，讓他們誤以為自己擁有某些不該被看見的缺點。

告訴孩子我們不再苛責，他們也不需要懷疑自己。

我們擁有的豐富美好資源，並非來自於翻開字典挑幾個很優的形容詞，而是從「好好與自己連結後的體會」得到的。

請先好好練習這個功課，再陪伴孩子一起做，並鼓勵孩子在感到自我懷疑、沮喪時，自行嘗試。如果父母沒有先行練習過，就覺得「啊哈！這東西真好～馬上來教小孩」，可能會造成反效果。畢竟轉化時需要的靜心、自我承認、接納，需要自己先經歷過，才能陪伴孩子探索自己。母父缺乏練習反而可能因為求好心切，要求孩子僵硬地完成轉化，弄巧成拙讓孩子覺得「我媽真的看我很不爽，硬要我找什麼形容詞，莫名其妙！」就可惜了。

最後，一起把這些形容詞寫在卡紙上（也把自己本來就突出的正向特質寫上，例如幽默的、勇敢的），一個寫一張。心情低落、面對困難卡住時，都可以拿出卡片，提醒自己擁有的資源。欣賞自己擁有的豐富內在，想想看有哪一些資源還沒用到？還可以再添加更多資源嗎？慢慢的，心也就更開闊了。

輯三

成長的行動

處理每日的大小壓力

你今天「忍」了嗎？

記得小時候我們最常被教導的中華民族美德，除了孝順啊禮貌啊以外，就屬「忍」這個字最是讓人膽戰心驚了！

在學校被高年級推倒，回家跟父母哭訴，換來的回應是：「忍！」逢年過節開車遊玩，想上廁所但爸爸不想到休息站人擠人，回頭也是一字：「忍！」工作不順老闆威脅砍年終，跟同事喝酒發洩到最後，大家也還是只能互相安慰：「忍！」

孔老夫子都說是可忍，孰不可忍，但我們千千萬萬的媽媽們，為了孩子真的是「忍到底」了！

看看我堅強的意志力！

「意志力」可以說是學習力、恆毅力、挫折忍受力……等近代流行的「××力」始祖，畢竟它可是父母師長最常用來噹小孩學生的最佳武器：

你就是沒有意志力，才沒辦法跑完三千公尺！
你就是意志力不夠堅強，才會跟同學一起作弊！
你就是沒有訓練意志力，才會愈吃愈胖！

嗯，反正沒達到標準卻又找不到病因症頭，或是氣急攻心只想讓對方難堪時，按他一個「意志力不堅定」的罪名準沒錯！不但政治正確，還讓對方啞口無言！

「忍」加上「意志力」，我們開始忽略自己的需求

什麼時候「忍」這傳統美德和「意志力」這現代技能會碰在一起，產生巨大能量讓人望而生畏呢？

當妳成為母親時。

肚子餓？沒關係，先餵飽孩子，大人可以撐。

想上廁所？沒關係，把孩子留在廁所外面會大哭，等會幫手就來了。

累了想休息？沒關係，副食品要趕快做，不然等一下陪睡又睡著就麻煩了。

隊友白目想開罵？沒關係，小孩在就不計較，以免在孩子心中留下

一～～大片陰影。

憑藉著萬夫莫敵的意志力，媽媽什麼都能忍，什麼都可以沒關係，只要孩子平安快樂，沒有什麼不可以。好吧，小孩易餓易哭易累易上廁所，大人讓一讓、等一等也不為過，**但二十四小時三百六十五天好幾年好幾胎這樣消耗，媽媽們，真的沒關係嗎？**

意志會磨損，情緒會累積

長期壓力會造成內分泌失調，可說是常識了；**壓力的主要來源之一，是我們經常性地不休息、不照顧自己**。我再往後推一步，斗膽宣稱：長期靠著「愛的意志力」「忍不停」的生活模式，是造成我們缺乏自我照顧的兇手。

育兒、教養的辛苦不多說，日常生活中許多大小不一的人事物也會造成壓力。例如，一早買菜時忘記帶錢包，氣自己白跑一趟；中午朋友傳LINE來說小孩生病，聚會取消，整個人森氣桑心；一整個下午老公都沒有噓寒問暖，心裡暗譙不是說最近淡季很閒沒事……因為我們能忍、我們常覺得沒關係、沒空管這些「皮毛小事」……因此無意識忽略這些真實扎心的感受、需要被關照的疲憊，不好好處理的結果，即是累積下來的皮毛小事，成了壓力。

當每日壓力堆疊，內分泌系統悄悄落漆，我們會容易感到焦慮、身體容易疲累。育兒上也因為力不從心而開始否定自己。當他人無法適時支持、體諒同理時，我們不禁懷念起過去的自己；此時若Facebook剛好出現大學同學全家在沖繩沙灘自拍的貼文，羨慕忌妒失落攻心，不得不開始討厭這樣的自己。

親愛的媽媽們，**「沒關係」不是責任感的表現、更不是體貼，而是無法在現實中看清自己的做與不做，實際上對每個人的影響**。好像ㄍㄧㄥ到最大值，才符合所謂的母親形象；做得無怨無悔，才對得起自己當初的選擇。但我們成就的，卻極可能是疲憊的母親下，一個不穩定的家庭。

身體不會無止境地承受這些壓力，總是要找尋出口。生理上，我們會生病；心理上，孩子跟隊友即須承受莫名爆氣。但爆氣不但不能解決問題、無法卸除壓力，反而因為愧疚感而給自己扣上大帽子——我是一個「情緒管理不佳」的母親！

培養「停—察—觀」的習慣

回到現實面，身為主要照顧者，我們仍舊與孩子、與家事纏鬥，或在職場與家庭間奔波。即使我們多麼想照顧自己，也無法每天安排三十分鐘皮拉提斯、三十分鐘泡泡澡、又三十分鐘下午茶。退到最底線，我們能做的，也許是在每個牽動情緒的人事物與我們交會後，給自己一點小關心：

停：無論是錢包忘了帶、LINE上看到壞消息、朋友在沖繩曬恩愛，我們都可以選擇停下來，給自己一個關心感受的機會（謎之音：或是在心裡罵髒話的機會）。

察：身心發生什麼事了？呼吸是否急促，臉頰微微發熱？感覺到自己的懊悔、或者是憤怒？貼近那個感受，給自己一點時間去經驗它（哪怕只是一分鐘）。閉上眼睛，允許自己感受，有意識地面對自己。

觀：覺察、感受之後，我們觀照自己。哪怕只是在心裡給自己一句鼓勵的話，或是欣賞自己有能力、有意願處理亂糟糟的情緒，而不是放著生鏽，都是最體貼的自我照顧。

停下來，開啟覺察與感受，並觀照自己。**更相信自己是個血肉之軀，不應無限制地忍受需求不被滿足、情緒不被照顧。允許自己不但是個母親，更是值得被關愛的「妳」**。

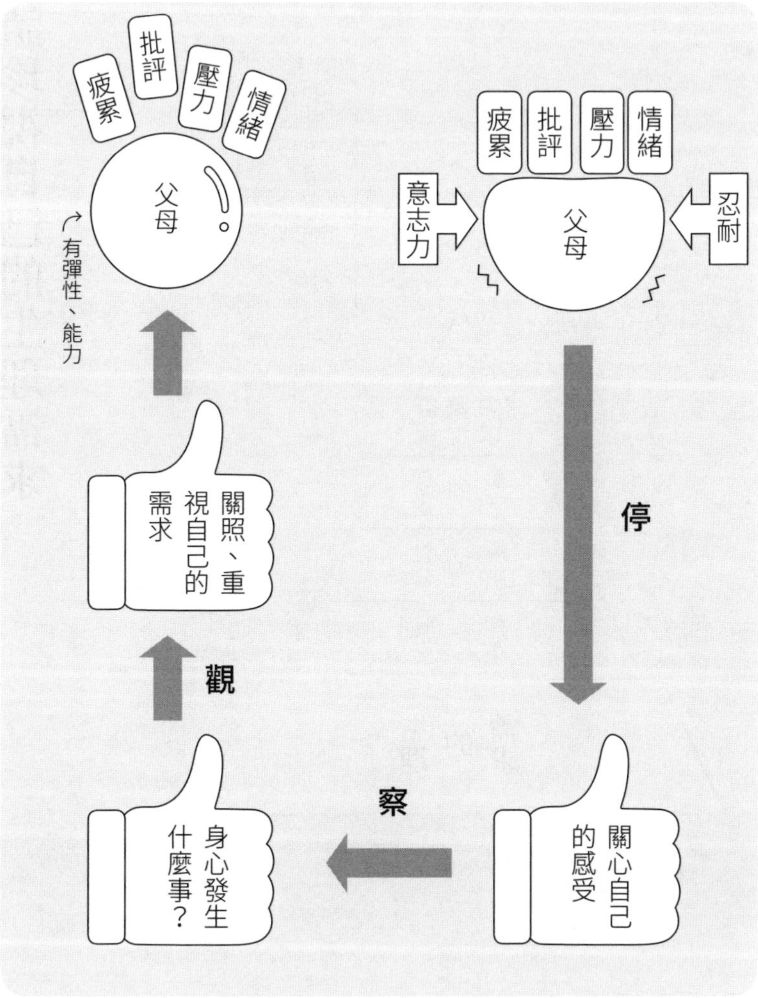
疲累
批評
壓力
情緒
意志力
父母
忍耐
停
關心自己的感受
察
身心發生什麼事？
觀
關照、重視自己的需求
疲累
批評
壓力
情緒
父母
有彈性、能力

請珍視自己的生理需求

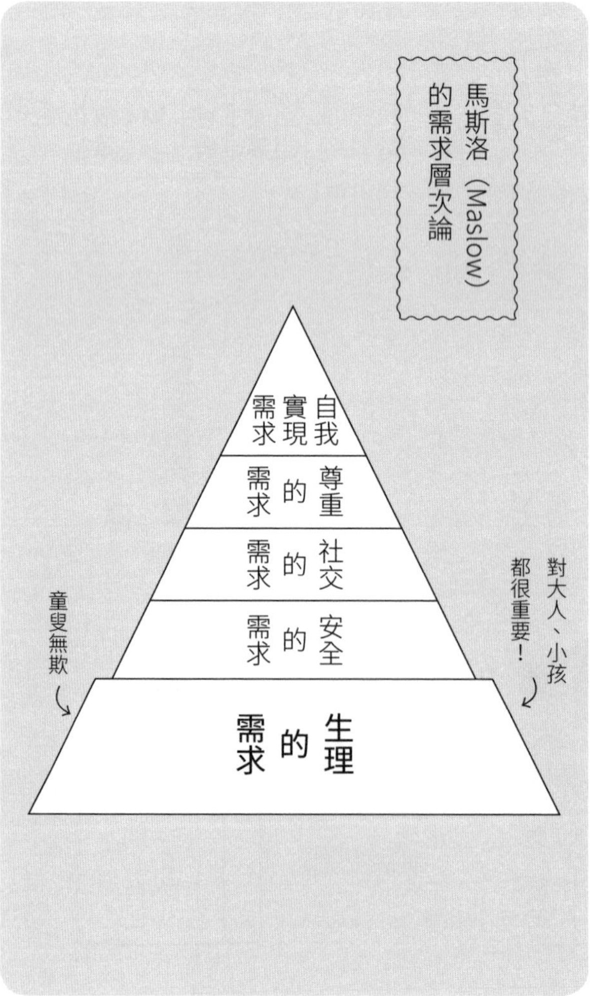
馬斯洛（Maslow）的需求層次論
自我實現需求
尊重的需求
社交的需求
安全的需求
生理的需求
童叟無欺
對大人、小孩都很重要！

兩歲小孩在親子館哭哭，大人可能會想：「哎呀，肯定是餓了、累了，趕快抱他出來休息。」

六歲小孩在親子館哭哭，大人可能會想：「哎呀，都要上小學了，怎麼那麼愛哭！帶你出來玩還那麼多問題！」

三十六歲媽媽在親子館哭哭，大人可能會想：「哎呀，這個媽媽應該是壓力太大，好可憐啊！」

孩子一有需求，我們很快會想到是生理上的；成人一有需求，馬上把它歸納為心理脆弱。我們的文化、甚至古希臘羅馬時代都盛行一個不辯自明的共識：心理比生理重要，而且還更高尚。所謂的君子，或是良好公民，就是心理強壯到可以戰勝生理，不會被生理需求拖著走的men。所以我們身邊那些動不動就哭餓、喊累、物慾很強的親友，很容易就會被賞白眼，被歸類為幼稚、肉腳族群。

父母的生理需求不重要?!

如同在〈處理每日的大小壓力〉提到的，「忍耐」已成為血濃於水的美德，「意志力」已昇華成人人夢寐以求的超凡能力。我們期待為了孩子愈忍愈開花，但有時孩子不領情就算了，忍到底也是忍未條，氣到腦袋開花，前功盡棄。

例如每位媽媽都很常做的：先把孩子餵飽，自己再來找東西吃；但孩子並不是餵飽就發便當叫我們下班，還有接著的換尿布玩積木陪看巧虎馬麻我餓了想吃餅乾……於是，在我們找東西吃之前，身體早已被拖磨到血糖過低。血糖過低才進食，即容易造成血糖不正常升高，或頭暈、胃痛等症狀。

睡眠更是父母長期犧牲的生理需求！只要Google「睡眠不足」，不難找到一長串的醫學文章指出，由於睡眠不足與長期壓力互為因果，人體釋放壓力賀爾蒙，導致例如失眠、經期大亂、易怒，甚至肥胖等生理問題。除了吃飯跟睡眠，還有洗澡運動憋尿放鬆等等生理需求，簡直罄竹難書啊！

我們真的接納自己的生理需求嗎？

「醜爸，有必要提醒我們這些常識嗎？我們就是沒時間嘛！」

沒時間是真的，但幾乎我接觸過的媽媽都承認，生理狀況不好會嚴重影響日常親子關係，也是真的。父母刻苦耐勞擠出時間照顧、陪伴孩子，但累得人不像人鬼不像鬼後把短期長期遙遙無期的壓力都丟給孩子，炸得全家人仰馬翻，這樣折騰人的結果也不是我們樂見的。

究竟時間要怎麼分配？這個世紀謎團我沒能力解；況且家家戶戶狀況不同，即使不如人意，但我們都是盡力的。僅提供以下三點邀大家共思，也許可以迸發些許靈感：

1少點理想化，多點專注力：

根據我非正式統計，大多數的媽媽相信，只要全心全意地陪伴孩子，孩子幾乎不會哭鬧暴走，而且娘親們可以準確觀察到孩子的需求，也更有耐心引導孩子。那**為什麼我們無法經常專心陪伴孩子？有多少時候我們是被「焦慮感」驅動而忙東忙西，或是無法放下對「理想家庭」的期待？**

我也是每天有做不完的家事，但大概是臉皮跟肚皮一樣厚，總是告訴自己：既然家事永遠做不完，那每天做個定量就好。其他時間好好陪伴孩子，累積彼此的正面能量與美好回憶。專注在重要需求浮現的當下每刻，可以讓我對親職角色更不留遺憾吧。

2 你真的允許自己享受嗎？

雖然我沒看過完整的《阿信》，卻知道要講受苦受難還懷有善良感恩之心的，她就是代表了。似乎，吃苦當吃補，人生過得去就好，這個信念有時也出現在我遇見的媽媽們身上。但有點不一樣：她們樂於付出，卻對於「勸她們放輕鬆點的伴侶」，非常有意見。原來，伴侶覺得為娘的太辛苦，看看孩子也活得甚好，勸妻子停下腳步，享受一下。結果……

「休息？對啦，好像是關心我，但他都不知道那個貌似平和的場景，就是我從—不—懈—怠換來的！」

的確，有些伴侶因為不常事必躬親，甚至遇事則閃，頗有不食肉糜之活在自己的世界裡；但換個角度想，有沒有可能其實我們對「享受」有些既定觀點？例如：

好媽媽應該要為大家付出，有時間享受表示付出的不夠。

享受表示我做的不夠，好媽媽要做更多。

或是對他人、對自己有些期待：

我期待伴侶推崇我的犧牲。

我期待自己可以做得比別人又多又好。

我期待自己不要有任何被挑剔的可能。

這些觀點、期待從哪裡來?是否因為承襲母親為家庭犧牲的過去?「為他人活」是家族規條，能獲得長輩肯定，「為自己活」則無立足之地?還是與其面對孩子突如其來的情緒與衝撞所造成的壓力與挫敗感，讓自己陷在忙碌中也未嘗不可?

請探索自己的觀點與期待，也許會有意想不到的答案(參閱〈鬆動內在規條，開啟改變的可能〉)。

3 妳一點都不孤單!

另一個讓媽媽們嗡嗡嗡響不停的，大概就是人性之無可避免的「比較」吧。

上一代就是比房子車子跟小孩成績，現在父母大概從「在哪個醫院診所產檢?婦產科醫生找誰?」就開始有壓力了……坐月子中心?哪家月子餐?老公會不會晚上起來瓶餵?母奶順不順?孩子喝不喝?這個名單可以延伸到此時此刻正在看文章的妳，心中仍記掛著要買的要報名的要閱讀的。

即使我們知道自己能給孩子最優、最獨一無二的，是健康自在的自己，但心中揮之不去的匱乏感，牽引著我們，以為唯有「別人有的我們都有、甚至更多」時，孩子才能蒙福。

不是的，每個人都有待解的難題，懸而未決的關卡！即使是FB上那看似最幸福的母親，都背負著難以言喻的重擔。我們盡力，但仍追求完美；**這個如薛西弗斯推大石上山、又滾下，永無休止的自我要求，得到的極可能是「我不夠好」、而非「我已經很好」的自我價值**。自我低落的母親，的確可能鞭策出行為滿分的好孩子，但能否與孩子連結，親密地分享生命呢？

我們無法完美，因為已經夠好了。從珍視自己的生理需求開始，我們懂得真正的停，才有能力好好聽與看身邊的人，還有自己。

找人說，聽人話

橫批：與人連結。

身心靈大師、心理學家都告訴我們，要與人連結。阿德勒強調因為群體生活的必然性，人際關係是生活的重心，如何參與社會、對人有貢獻，成為人生的主要課題。薩提爾女士的主要工作也在探索，人如何與自己的過去連結、人與人之間的生命力如何連結……等課題。

與人連結最簡單的，就是和人對話；對話，包含說及聽。說，我們整理內在；聽，我們感受彼此。

說，我們整理內在

從第一個孩子出生，我們經常「囫圇吞棗」，那些狂買教養書、瘋傳讓媽媽一秒淚崩好文的動作，都是家常便飯。我們努力地、大口大口地吞下所有吞得下的「好物」……這些看似無極限的努力，卻可能是一種症頭，叫「裝忙來隱藏無法安然在當下的焦慮」（概念取自《覺醒父母》）。焦慮著自己懂得不夠多、沒有辦法成為稱職的父母，以為這樣做是出自對孩子無盡的愛，但其實更多來自內在的混亂，無法安然於當下。

育兒，好似走進亞馬遜森林，即使方向不清、目標不明確，但因為不敢停下腳步（好多昆蟲、猛獸啊），只能帶著焦慮一直走。當走到一個段落、甚至走出森林時，卻感到困惑，不曉得自己身在何處？這時，需要的是整理自己這「付出一切」的日子，重拾安心與穩定感。

透過「說」，我們能重新體驗這幾年的得與失，成功與挫敗，慢慢找到自己。成為母親、父親，不是一段與過去斷裂的人生經歷，也不是莫名其妙掉進谷底的致命陷阱。生命在母親的角色加入後，增添了無數豐富的篇章。透過「說」，我們整合新舊篇章，欣賞自己做到的、也疼惜做不到但努力過的一切，淬鍊成令人陶醉的故事。

跟誰說？說什麼？

最簡單的方式，是加入想法、理念相近的團體，例如台灣親子共學教育促進會、大樹叔叔親子共玩團等等（當然還有置入性行銷的醜爸各個讀書會、課程）。說什麼？這些都是很成熟的團體，帶領者可能以課程、或是非正式的談話，引導你聊聊育兒觀點、親職辛酸，這些「說」都能幫助你更整合自己的內在。

如果對參加群體沒興趣，或參加過了效果不彰，也可嘗試自我對話。例如，日漸風行的心靈寫作、敘事治療自由書寫皆是，坊間也有書籍、課程可供參考。但貼心如我（真敢講），知道你買了這本書（如果只是站在書店看請趕快去結帳，跟朋友借的請自己去買一本，不然難保此書開始自燃XD），會期待內容有些簡易、自己在家輕鬆上手的方法。沒錯，正是如此！以下方法簡單，且適合每天練習——無論是用書寫、冥想，還是說出口與自己對話，請問自己以下問題：

1 今天好嗎？

2 做了哪些事？

3 經歷過哪些情緒、感受？

4 今天和誰有接觸？我們之間發生了什麼？

5 可以給今天的自己一個欣賞嗎？不能的話，是被哪件事、哪個人、哪個情緒卡住了？

6 可以允許自己先放下那些卡住，接著深呼吸，再給自己一個欣賞和擁抱嗎？

7 如果還是不能，不勉強，我願意好好地深呼吸，接納現在的自己。

走到某一個問題時，產生許多感受與想法，就讓自己停留一會，跟自己好好對話，別管之後的題目了。如果回答這些題目對你異常困難、或是毫無感覺，建議你考慮加入團體，或是和專業第三者諮詢。

聽，我們感受彼此

「傾聽」大概是近年僅次於「同理」的熱門搜尋關鍵字。傾聽不等於「安靜聽人家講話，什麼都不說」，而是有覺察、有回應，對方感到被在乎，在傾聽者的心裡有個位置。好的傾聽者可以帶人上天堂，不用多說什麼，就能撫慰人心。同時，傾聽也能幫助聽的人感受到自己，或者反過來說，當我們愈能感受、願意開放自己，就愈能聽見別人真實的聲音。

怎麼聽？聽誰？

前述提到的團體（或任何類似單位）提供的活動與課程中，有許多機會可以聆聽他人，尤其當有好的帶領者時。當不參加團體，透過練習，我們仍可以成為好的傾聽者。以下介紹兩個簡單的練習，和在親友聊天時都能派上用場：

1 聆聽話語裡的「感受」

聆聽時，適時、不帶評價的回應說話者的感受，勝過千言萬語。例如，當對方明顯喉嚨一緊時，可以輕輕回應：「你現在覺得很難過齁？」讓他知道他的感受是「重要的」，且有人在這個當下是非常在乎的。

2 回應對方的「想要」

說話的人不見得內在清澈有條理，反而經常是訴說著紛雜未整理的思緒與心情。當對方不斷重複差不多的事情，或是很跳 tone，可以嘗試回應他：「所以你想要的是○○○？」例如，朋友持續抱怨先生晚回家、不幫忙帶小孩、愛滑手機、批評她的教養方式、又繞回太晚回家……你可以輕聲回應：「很想要先生在身邊，跟妳一起做很多事，是嗎？」邀請說話者直視自己的「想要」，對她也許不容易，但能感受到你的理解與在乎，會給她願意嘗試直視的力量吧。

最後，我們也可以成為「自我對話」裡的聽眾。把上述問題1到7的答案寫下，給自己短暫的安靜時間後，唸給自己聽。聽著自己的答案，允許自己真實、開放自己可以軟弱，當「感受」浮現時，回應自己：「這個感受是從哪裡來的？跟誰有關？」、「這個感受想要告訴我什麼？」持續的深呼吸，不要壓抑。同樣的也問自己：「我想要什麼？」、「我可以要嗎？」、「是什麼阻礙了我，去得到我想要的？」

在育兒人生中，我們經常有大大小小的眼淚，但也許有陣子沒好好只為「自己」流了。**在開放感受的流動中與自己相遇，眼淚見證我們的真誠與勇氣，如同生命在現實中淬鍊出珍珠，值得我們疼愛珍惜。**

把話聽進心坎裡，就是這個意思吧。

培養記錄的習慣

「醜爸，你是住海邊嗎？也管太多了吧！連我們的帳單、餵奶時間、小孩睡覺時間記錄、排卵周期你都有意見喔?!」

當然不是指各位熟悉、為了處理日常生活的那些表格，那個青菜Google就有了。而是像以下這張：

家長走失事件記錄——一步步找到「你」的方法	
日期	四月五日（五）
時間	下午五點五十分

事件	準備晚餐時，老三之前一直吵說要喝牛奶，盧了一陣終於願意跟哥哥去房間玩，但不斷從房間傳出哥哥的叫罵及老三的哭聲。請老大幫忙去看，結果是兩個小的開始狂哭……
心情指數（事發當時）	失望 100 憤怒 100
想法／觀點／期待	為什麼不聽呢？再給我十分鐘就好，你們這樣搞，就變成二十分鐘了！我哪有那麼多時間！
情緒管理原則／方法	・淨空三分鐘：不煮飯也不管小孩，一人一顆維他命C。 ・不合理期待＋權力：一定要在那麼短時間內同時照顧小孩又煮好飯，以前成功過，今天一定也行。／我自己的任務迷思，大過孩子的需要。
心情指數（介入之後）	失望 50 憤怒 5
成效評估：指數變化／成果滿意度／如何改進？	與其說是生氣，不如說是非常失望，那種對自己及對孩子不能滿足我的失望，加上權力不平等，讓我發洩在他們身上。我想願意放下所有事好好喝杯水是個進步，不然忙下去只是徒然，不會注意到其實自己很自私。

注意事項：

1 記錄以清楚、易分辨為原則，不須非常仔細。

2 記錄是為了提醒自己、增進覺察，不是對錯反省、KPI報告，因此真誠與真實記錄當下是最重要的原則。

3 鼓勵可與信任、有經驗親友討論，並分享心得。

先說明一下為什麼「做記錄」有益身心（待會再跟大家說這張表怎麼用）？身為孩子的媽、爸，一整天下來經常是分身乏術，什麼專家最愛講的覺察啦、暫停啦、深呼吸啦根本沒時間認真執行。好吧，我們只好把希望寄託在「孩子睡著且父母沒有陪睡」時，再來專心分析檢討，總可以吧？答案還真是「窒礙難行」！因為第一，通常媽爸會比較快睡著；第二，就算孩子睡著大人醒著，還有家事工作跟夫妻恩愛時間要優先處理；第三，就算上述大事都做完，終於有空分析檢討，早上發生的事可能也忘光了啊！

於是記錄不但拯救我們脫離因記憶力不敷使用的困境，還可以暫時充當我們的小小諮詢師，幫我們看見自己的一些盲點及可著力之處。記錄提供我們一幅清楚的「客觀畫面」，**只要我們養成記錄的習慣，這些文字、數字會呈現出忙茫盲的我們在當下無法看清的資訊**。把這些資訊加以比對，或是把資訊跟自己的主觀經驗對照之後，我們即可更掌握自己的狀態，也更有能力找到問題解決的辦法。

我們以上表為例。表中共有八欄，分別是：

① 日期：日＋星期幾

② 時間：時＋分

③ 事件：請至少包括４Ｗ（在哪裡？有誰參與？為什麼會發生？發生什麼事？）

④ 心情指數（事發當時）：你有什麼情緒、感受？請給分（最高100，最低1）

⑤ 想法／情緒／感覺：你在想什麼？覺得事件當事人犯了什麼錯？違背你什

麼信念？這些信念為何重要？這些情緒讓你覺得自己很糟嗎？

⑥情緒管理原則／方法：你用了／沒用哪些情緒管理方法？（「成效」先不用寫）例如，暫停自己，不繼續做自己的事，也不管小孩，幫自己撐出可以冷靜的空間。

⑦心情指數（介入之後）：情緒、感受的類別、強度有無變化？指數上升還下降？

⑧成效評估：指數變化／成果滿意度／如何改進？

最後一項「成效評估」就是關鍵！從前面七項我們可以蒐集到以下資訊：

①差異：你對「心情指數的差異」是否滿意？例如，憤怒從本來的100降到20，是可以接受的嗎？如果差不多的事件發生了三次，但事發當時的心情指數一次比一次低，表示你的情緒管理能力有明顯的進步。

②模式：你是否經常在一天的某個時段大發雷霆（例：餵中餐時／煮晚餐時／洗澡時）？這個「時間到就發功」告訴你什麼？該時段是你最疲累的時候？孩子最疲累的時候？你的心情類別是否跟孩子的某個行為很有關聯？孩子的哭是否常引起你的愧疚感？找到模式，我們可以清楚地看見自己是如何面對壓力。

③覺察：有無發現每次負面情緒出現時，自己其實都有一些覺察？你的記錄有無告訴你，當情緒來臨時，身心已經出現特定狀態（例如：飢餓、空調太差導致頭暈）？如果可以，能否提醒自己下次特定狀態出現時，趕緊喊暫停？

④實驗：記錄下自己、他人、與情境，當你對這三個主要面向更加熟悉後，可以進行一些小實驗。例如，每次都被失望的情緒淹沒時，何不嘗試降低、或改變自己的期待？也許我們高估了孩子的能力，或者錯估自己的體力？我們經常會被「對未來的焦慮」阻止實驗的勇氣，但當有記錄在手時，將清楚看見有些嘗試並不可怕，甚至還挺有道理的。

以上資訊都可幫助我們做成效評估，檢視自己對現況的滿意程度。無論事件大小，每天都記錄，可以幫助我們評估自己目前的行為是否有效。當然主題也可以不是情緒管理，舉凡體罰、手足吵架記錄……等等，都是很好的難題可以透過記錄來準備進一步策略。如果你從未進行過類似記錄，建議先設定幾個想要觀察的項目，簡單記下關鍵字即可。

我們無法總是靠著「回想」來看見孩子及自己的需求，我們需要記錄，好事後自扮柯南，找到任何隱藏的蛛絲馬跡。記錄也可以幫助我們看見一天的付出，給予機會好好欣賞自己多到滿出來的盡心盡力！

歡迎光臨同理心養成班

「醜爸我知道！同理心就是『換位思考』，對不對?!」

的確，「換位思考」是最簡單易懂的解釋，我們試著站在別人的角度去看、去想，就能明白他的明白，感同身受一番。接著我們的行動就能帶著溫暖、體貼，而非自己的一意孤行，也不是盲目的瞎寵亂挺。

「但是醜爸，我常常同理孩子，卻效果有限耶！」

說到「同理的效果」，大概是許多教養專家跟家長們共譜出來的美麗誤會。在諮商領域裡，同理心從來就不是行為改變的工具，甚至連技巧都稱不上。若說真有辦法判斷使用同理心後的效果，也是屬於專業心理師的工作。

除了換位思考，同理心比你想得還貼心

同理心，是換位思考，但換位思考的目的，是為了讓對方理解「你真摯的在乎與同在」。這個理解讓對方深深感受到被重視、被接納，因此願意更關注自己在此時此刻發生什麼事？需要什麼？擁有什麼選擇？

「有喔，我都會表現出真摯的在乎與同在！我兒子去玩沙不想回家，我都會說『我知道你還想玩，但是已經很晚了，要回家吃飯。』但他經常不領情！」

老實說，「我知道你還想玩，但是已經很晚了，要回家吃飯」並不算是同理，比較像是「溫和的說服」，但我也承認，在時間急迫、沒辦法給孩子選擇時，這樣說還是比「你已經玩一個多小時了！現在要回家，現．在．馬．上!!」更能被孩子接受。

那究竟要如何表現出我們「真摯的在乎與同在」？

同理心，「心」在理之前

我們很容易把同理心的重點放在「理」，似乎只要懂得對方的理，我們就能贏得他們的心。所以孩子不能玩沙而哭，媽媽會說「我知道你很喜歡玩沙」；因為同學不跟孩子說話，爸爸也許輕聲安慰「是我也會覺得莫名其妙」。

這樣的同理沒有不好，相信對方也能感受到我們的關心與誠意。然而，問題不是出在對方，而是出在我們。例如，許多媽媽跟我反應：「我就已經同理他了，也沒有要說服他，但他還是無動於衷，不然我要怎麼辦？」我通常會好奇：「那妳覺得他應該怎麼做？」

「難過個三分鐘也該夠了吧？」

對照顧者而言，不能玩沙是件小事，別人不跟我們說話是他的損失，但我們懂孩子還小，這些對他們而言是大事，所以我們陪伴、同理。這一切很美好，只差一著：我們也許沒有真正貼近他們的心。要貼近一個人真實的狀態，從「感受」下手，比從想法下手更到位。例如：

1 孩子是什麼感受？強度如何？

三歲孩子一個月玩一次沙，大大滿足觸覺、嗅覺等感官刺激，有媽媽爸爸的陪伴，和煦的陽光。在那當下，時間失去意義，內心喜悅澎湃。「回家囉。」雖然媽媽臉上掛著完美的笑容、釋放最真的誠意，孩子的世界仍舊崩解：沙子、陽光、陪伴，霎時化為烏有，沒了，至極至樂的享受沒了。

孩子的感受是悲傷，甚至絕望，強度來到無可附加的十分。

2 我會為了什麼事而感到悲傷、甚至絕望，強度高達十分？

當我們用心感受孩子的情感、情緒時，雖然無法理解不能玩沙的痛，但可以觸碰到他悲傷的心。我們也曾經歷悲傷、也許絕望，甚至掉入高達十分的痛苦深淵。單純地感受孩子的感受，不需要懂那個「理」，也能更貼近孩子的心。

3 什麼樣的事件會引發我如此傷痛？我希望別人如何陪伴我？

行有餘力，可以嘗試把這感受具體化：什麼樣的事件會引發如此大的傷痛？對於成人而言，可能是失業，遭逢意外，甚至是親友的離世。當我們處於如此大的悲痛時，若有人在一旁不斷地催促，是否會感到憤怒、不安？也許拿成人的失落來比擬孩子的不能玩沙過於誇大，但在那個當下，個體的感受都是強烈且真實的。

走到這一步，你會發現陪伴孩子最好的方法，可能是讓他哭一會，或者一把抱起，告訴他你懂那個失落，他可以為了他的失落好好悲傷……至於那些我三分鐘前就告訴你要收的說教，這次就先省下來囉。

隨時都來一點同理心

綜上所述，同理心不是技巧，也不是跟孩子有衝突時才服用的救命仙丹。同理心，可說是眾多信念的綜合，是對生命的態度，甚至像起床要刷牙般的生活習慣。要深化同理心在日常，也許你會：

1 盡可能給自己和對方說話的機會

俗話說我吃的鹽比你吃的飯多，我的鬍子長得比你滿頭雜毛還密（這是我說的，不是俗話說的），大人們總覺得自己神通廣大、料事如神，只想打趴孩子不願費神傾聽。「有什麼好聽的，小孩不都是為自己辯解、甚至邏輯不通嗎？」這倒是，每次聽兒子說他只是走過去不知道為什麼狗會來給他踩，我也很想就地正法。但關鍵不是對方說了什麼，而是不聽他說，你沒有機會準備自己的同理心；沒有了同理心，關係便容易損害了。

2 先關注人，再解決問題

這世界當然有非得立刻馬上現在解決的大條事，不過可以的話先關心一下人，事情也會好解決很多。當我們把焦點都放在問題解決上、沒有關注對方的狀態時，對方不但會感到自己沒有能力，甚至因為緊張、焦慮而更無法面對，這狀況尤其容易出現在孩子身上。

隨著年紀漸長，犯錯時孩子自己是知道的，但認錯及後續的承擔責任仍需要學習。父母也許因為焦慮、挫折，在發現孩子犯錯時第一件事通常是嚴厲責備，並要孩子立即解決問題。但孩子沒有我們強大的陪笑、也還不具備完善「出事後擦屁股」的能力。**犯錯的孩子，通常也是驚恐的孩子，若能先被關心，聽到父母問到「你還好嗎？」相信更有力量面對自己、擔起責任。**

學習同理心不需要天分，也不用苦讀諮商學位，隨時從感受開始，靠近孩子受困的心。父母全神的關注與在乎，也許不是孩子人生成就的燈塔，卻足夠在他們的內在激起源源不絕的生命力。

探索觀點，釐清目標

「醜爸，有些問題真的是要直接要求孩子，不是改變父母啦！」

的確，例如一些重要習慣的養成，像是用衛生紙擦屁股，總是有些學習陣痛期，加減要求孩子並不為過。只是我始終覺得「**要求孩子**」**是一回事**，「**照顧者到底要孩子學到什麼**」**又是另外一回事**。甚至，照顧者口口聲聲的教養目標，想要成就的不是孩子的成長，而是要滿足連自己都看不清楚的個人需要。

來個例子吧。

吃飯時要坐好，不可以走動

這是一個非常普遍的教養目標，但也可能是很多人頭痛的親子日常。一位媽媽很煩惱的來問我，希望可以知道「這孩子為什麼就不肯吃飯時乖乖坐好?!」

當時孩子近五歲，正就讀中班的活潑女孩，平常都沒什麼狀況，就吃飯時出頭特別多。我不會直接反問來諮詢的母父「為什麼要訂這種目標啊？」、「你不覺得這對×歲孩子可能還太難嗎？」、「你有沒有想過孩子的感受？」等等等問題。這樣的反問蘊含著否定家長曾經的努力，也可能不夠尊重對方現有的家庭規範。我做的是直接和父母「探索觀點，釐清現有的目標」，試圖從目前已設定的目標開始，一步步釐清對方想要的是什麼？通常在這過程中，來諮詢的父母即自己發現問題的解答。

五個分析問句

以下五個問句，是我會和來訪者仔細推敲思索的：

1 這個目標，想要培養孩子什麼樣的行為或是品格？

如果今天一個教養目標並沒有指向任何具體的行為或是品格，那這個目標其實可有可無，不如放下，大家也輕鬆自在；如果有，那是什麼？

2 這個行為或是品格，孩子是從來不表現出來，還是會因時間、空間而異？

孩子從很小的時候即學習到「因地制宜」、「因人而異」，這些大人所謂的「看臉色」，表示孩子有意無意學到了不同大人期待的行為。因此，在你面前不做，不表示孩子不會、不懂。

3 這個摸門特（moment）是教養、陪孩子練習規矩的最佳時機嗎？

不該澆水的時候澆水，植物自然不會頭好壯壯。在孩子累翻的時候練習情緒管理，餓暈的時候講餐桌禮儀，氣頭上時大談禮義廉恥，孩子大概要大嘆：「爸爸／媽媽，您教不逢時啊！」

4 還有別的方法可以完成這個教養的動作嗎？

很多時候我們不是糾結在目標，而是方法。看到長輩為了表現有禮貌一定要大聲問好？可不可以直接擁抱、飛吻、還是敬禮？父母愈有彈性，孩子也愈有創意。

5 為了達成目標，願意付出什麼代價？

「出來混，總是要還。」我們可以理想，但要付出什麼樣的代價？要孩子跟大衛像一樣聞風不動，或像潑猴一樣跳上跳下，各要付出什麼？而且，究竟自己有無意願跟能力承擔代價，真有仔細思量過？

這五個問題可以製成簡單表格如下：

	問句	來訪者的答案	調整後的目標
1	行為／品格		
2	時空差異		
3	教養時機		
4	多元方法		
5	評估代價		

就用「吃飯時要坐好，不可以走動」這個實例來實際走一次！

1 這個目標，想要培養孩子什麼樣的行為或是品格？

媽媽左思右想，發現其實走動、坐好並不是重點，也不是什麼好品格，她期待的是孩子能「注意整潔」及「不要影響他人」。雖然還是有點抽象，但有其正向意涵，於是目標就從「吃飯時要坐好，不可以走動」調整為「吃飯要注意整潔，不要走動影響他人」。

2 這個行為或是品格，孩子是從來不表現出來，還是會因時間、空間而異？

其實孩子在學校是可以二十分鐘坐在位子上用餐，要離席也會舉手請示；學校也要求孩子餐前餐後都要整理環境，孩子也都做得到。這樣看來，孩子是可為但不為，這個發現幫助我們把目標調整為「在家吃飯要注意整潔，不要走動影響他人」。

3 這個摸門特是教養、陪孩子練習規矩的最佳時機嗎？

重點就轉移成「為什麼孩子『在家』做不到？」我邀請媽媽再仔細想想，孩子在家有沒有做到的時候？其實是有的，但在週間晚餐特別不行。我問道：

「媽媽，可以接受孩子上了一天幼兒園，回到家，呈現放鬆、不那麼堅守規矩的狀態嗎？」

「（沉吟了有點久）好啦，暫時可以。」

媽媽決定先放鬆「走動影響他人」這部分，把目標調整為「**在家**吃飯要注意整潔，**離開座位要先問**」。

4 還有別的方法可以完成這個教養的動作嗎？

針對這個問題，媽媽有非常多的想法，例如：喝湯跟吃飯間可以起來走；分幾次吃先講好，每次的間隔可以起來走動；只有三次機會；隨便啦，弄髒就叫她自己清一清就好……

講著講著，媽媽也開始整合目前為止的對話，發現其實孩子是做得到的，不需要擔心自己或學校沒把孩子教好。移除這擔心後，孩子吃飯時走動也變成沒那麼惱人，反而自己不斷糾正責罵的聲音才是讓她心煩的癥結。

目標調整為：「在家吃完飯**自己整潔，離開座位要先問**」。

5 為了達成目標，願意付出什麼代價？

媽媽想到最大的挑戰，是孩子會測試新規矩，例如一直說要離坐。但當想到如果成功了，自己就不需要一直管秩序、提醒孩子，這樣的短痛也頗為值得。了不起宣告實驗失敗，一切打掉重來。媽媽接受了可能的代價，目標維持為「在家吃完飯自己整潔，離開座位要先問」。

最後的表格長這樣：

	問句	**來訪者的答案**	**調整後的目標**
1	行為／品格	我想要孩子坐好吃飯，維持環境整潔，不要影響他人	**吃飯要注意整潔，不要走動影響他人**
2	時空差異	孩子在學校都做得到，已經學會這些規矩	**在家**吃飯要注意整潔，不要走動影響他人
3	教養時機	週間晚上大家都累了，放鬆、沒辦法嚴守規矩也情有可原	**在家**吃飯要注意整潔，**離開座位要先問**

4	多元方法	孩子既然有能力做到，一直唸反而增加緊張氣氛	在家吃完飯**自己整潔，離開座位要先問**
5	評估代價	孩子可能會測試新規矩，例如一直說要離坐；但相較於潛在的好處，願意承擔代價	在家吃完飯**自己整潔，離開座位要先問**

從釐清目標的過程中，看見自己的需要

目標由「吃飯時要坐好，不可以走動」到「在家吃完飯自己整潔，離開座位要先問」，媽媽最直接的收穫是更看清楚對孩子的期待，也訂下更具體明白的規矩。但間接的收穫卻是她覺得最寶貴的：

「原來我要的不是乖巧聽話的孩子，而是希望自己可以享有一頓平靜、可以放鬆的晚餐。所以我要孩子安靜、要她守規矩，以為這樣我就能好好吃

飯。殊不知孩子累，聽到我這麼多要求根本配合不來；我愈要求愈煩，愈唸愈大聲，根本無法有平靜的心用餐。」

正當我欣賞讚嘆媽媽可以有如此洞察時，她接著說道：

「別逼死自己，也要提醒自己孩子其實是有能力的，我跟學校都教得很好，這樣就夠了吧。」

是啊，妳真的做得很夠、也很好呢。

看見背後需求的雙眼

現代心理學發展至今，結實的肯定了人性中「你的眼睛背叛了你的心」這點，也就是「人的行為不能代表他的目的／動機／感受」。舉凡佛洛伊德的投射，薩提爾的冰山理論，到近年很紅的情緒勒索，都在說這檔事。

既然如此，孩子是一根腸子通到底，透明自然的很，他們的行為並沒有大人宮廷劇般的心機，應該很容易看出他們的需求吧？應該是，但問題卻出在照顧者應對孩子行為時內心戲豐富，影響我們解讀孩子，包括：

1 我們對人性／孩童／教育的知識與信念：

舉凡嬰幼兒發展相關知識，到我們如何看待人性，都悄悄影響日常教養。例如家長內心深刻的擔憂：孩子是不是故意的？他是不是天生就這麼壞？這麼小就做〇〇事，有辦法教嗎（以下省略兩千字）？這些想法當我們在面對孩子的崩潰及鬼打牆時，暗暗提醒我們「現在不教待何時？」、「寵孩子是母之過啊!!」、「現在不給他好看是害了他啊!!」（以下省略兩千字，這本書到底本來多少字）。

內心戲澎湃洶湧不已的結果，會讓我們連「看見孩子有需求」的能力都暫時當機。

2 當下情境與他人想法：

人是群體動物，也是被環境影響的有機體。在一個充滿笑聲、輕音樂環繞、空間寬敞明亮、人人都關心尊重孩子的環境育兒時，肯定母愛持久力與爆發力都能做好做滿；但若周遭有對孩子哭聲過敏的長輩，裝死到連稻草人都讚嘆三分的隊友，還有喜歡用「孩子不能這樣教」做起手式的路人們齊聚時，母愛很容易以「速戰速決，寧枉毋縱」的方式呈現，令孩子措手不及。

這時心中的OS莫過於「別人會怎麼看我？」、「我是一個怎麼樣的媽?!」、「我這麼盡心盡力，為什麼還是不被肯定?!」期待的失落造成內心的酸楚，看著咿咿啊啊吵不完要不停的小子，眼中盡是他們令人心煩的舉動，因此看不見背後可能只是肚子餓、想睡覺的單純需求。

3 揮之不去的生活壓力

助人工作經常吃力不討好的主要原因之一，是我們無法幫助來訪者解決生活中的日常壓力。舉凡經濟壓力、婆媳問題、惡鄰環伺、健康問題，每一個都足以讓人神經緊張、食不下嚥。

這些壓力導致照顧者在面對孩子需求時，容易被表面上的哭鬧行為影響，無法看見背後真正的需要。曾有一位媽媽無助地問我，他們一家跟小叔一家，和公婆共九口住在小公寓裡，先生早出晚歸，自己和其他人因為教養觀念等不合，索性都跟孩子關在房間裡。但狹小空間裡摩擦衝突難免，一時失控就會體罰孩子，該怎麼辦？縱使我有滿腹經綸、豐富經驗，也很難給出真正具有建設性的建議，畢竟生活的大石頭在前，小心別被壓扁就很萬幸了。

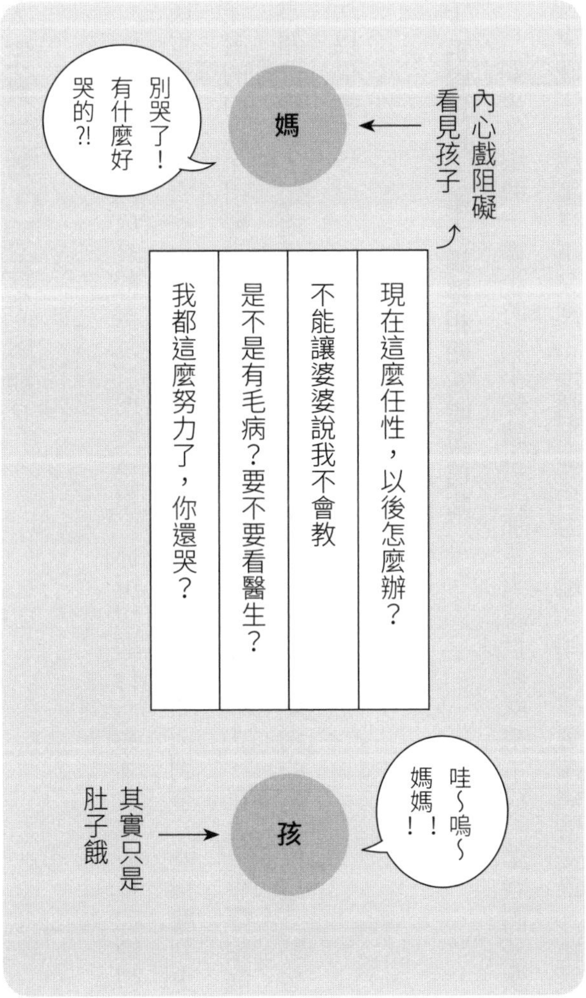

人生真辛苦，現在怎麼辦？

透過本書【成長的養分】所有章節，你可以進行一系列自我成長的練習與覺察，將更有能力看到是什麼阻礙與孩子的連結？如何調整方能接觸到更深層的內在，引導身心愈趨平穩？也建議參考薩提爾模式、正念覺察等相關書籍、課程，定能獲益良多。此外，我也針對上述三點內心戲，提出三點想法以供參考：

1 拆毀重建、擴大調整相關知識與信念

如果你跟我一樣小時候不愛讀書，那長大現世報就來了XD。讓我們多讀點書吧！有些書又重又硬，但啃下去功力大增。如果要選擇網路文章，建議小兒科醫生、精神科醫生、心理師等有專業背景的作者。我看重的不是學歷、頭銜，而是身在助人工作第一線的專業人員所分享的，除了知識，還有融合現場經驗的溫熱信念。例如，不體罰。不只是因為研究這樣說、因為自

己這樣教小孩，而是經年累月目睹暴力對親子關係的傷害，產生了信念。那樣的文字，是真正有力量的。

另外，雖然帶著孩子，從準備食物到拖孩子出門都是大工程，還是鼓勵大家盡可能走出去，上課（參閱本書〈去上課吧！〉）、參加共玩團體都很好。從和人的對話中開拓眼界、發現改變的契機。直到現在，我仍從跟其他母父們的對話中學到很多，不斷調整自己！

2 你可以再慢一點

上述各式難題及環境壓力，經常造成我們輕重不一的身心反應，例如頭痛、呼吸加速、腎上腺素激增……等。為了讓身心回到平衡，我們自然會想立即做些什麼。也就是這個「立即」，大腦會跳過努力學習來的情緒管理相關知識技能，直接回到「慣性」。這個慣性出現在與孩子的衝突中，就是我們童年最熟悉的打罵教育。

慢一點吧！無論用什麼方法，離開現場、暫時轉身閉上眼睛都好；如果深呼吸沒有用，那就敲自己的頭、捏大腿、吞劍吧！**多一秒鐘，就多點機會冷靜；多那一點冷靜，即有機會跳脫慣性，就可能看見孩子真正想要表達的**。即使一天只成功一次，都值得我們再慢一點！

3 多元彈性測試

請不要被「現在不好好教，以後孩子就會○○╳╳」這種句型困住了。雖然孩子不是彈力褲襪，但可塑性非常高，如果方法總是無效，換個方法有何不好？有位爸爸跟我分享，一歲半的孩子湯匙用得二二六六，意興闌珊，經常食物掉滿地。有日在氣餒之餘，他索性碗筷一摔，飯也不吃就只是盯著孩子。沒想到孩子伸手去拿他的筷子，有模有樣的用了起來！雖然滿地食物依然，但認真嘗試的神情大大鼓舞了老爹他！這位爸爸嘆道，為什麼自己當初這麼死腦筋，就是堅持孩子一定得用湯匙?!

當然，每一個彈性、每一次測試，都有我們對孩子的愛與了解，在安全的環境下大膽冒險囉。

親愛的讀者，如果現實壓著你喘不過氣，開始對自己有很多責備：不能給孩子更好的環境、選擇了錯誤的伴侶、沒有勇氣捍衛家人……你知道嗎，這些對自己的責備與憤怒，都是成長、改變的種子。**這些負面感受裡，也蘊含著豐富的資源，透露出想要追求幸福的渴望**。請守著這個渴望，持續在生活中找到一點點的可能性，一次一步。少罵一次孩子、少摔一次門，都是不容易。

守住渴望，一次一步。

去去災難性思考，來來幽默感！

災難性思考，是指把一件事的「負面」「極大化」，並忽略「正面的可能」在另一端絕望的呼喊你的名字。

例如，孩子說肚子疼，媽媽馬上想到：「Oh～我的上帝／老天爺／觀世音！是不是腸胃型感冒?!為什麼要這樣折磨我!!你腸病毒才剛結束啊!!!」一個噴嚏聲，阿公馬上跳腳：「這麼冷沒有穿外套？感冒會導致肺炎你知道嗎？」孩子一發燒，全家雞飛狗跳，不馬上急診吃藥就好像媽爸對不起天地祖宗一樣。

好吧，生理病痛可能會直接威脅生命安全，小心一點總是好……那行為問題呢？「細漢偷挽瓠，大漢偷牽牛」這句俚語不但耳熟能詳，可能還沒日沒夜在我們腦裡嗡嗡作響：

三歲不爽就打人，大一點不就變小霸王？流氓？

四歲為了吃糖說謊，以後不就考試作弊劈腿偷腥?!

五歲男生喜歡粉紅色，歐買尬以後會不會動變性手術?!!

六歲交不到朋友也不愛分享，以後上小學會不會被霸凌?!!!

不誇張，世界有多少父母，災難性想法的數量就可乘上十倍。雖然大家都說放手放輕鬆 let it go，要完全放下這些擔憂對父母而言仍是不可能的任務，畢竟每個孩子都是心頭肉。但換個角度想，也就是如此掛念，我們方能更善盡親職責任。

我們要做的，是在善盡責任的同時，能不被自己的擔憂困住；長期困住的結果，將擋不住為孩子量身訂做人生遙控器的誘惑，日夜控制他們。

卸載災難性思考無法一鍵到位，邀請你從回覆以下問題開始（組團或是讀書會一起討論更好），自助建立更正向有效的思考模式：

1 孩子的行為是否符合生理／認知／情感發展階段？可以透過以下方法得知：閱讀發展心理學相關文章、詢問醫師或其他有同齡小孩的父母、或者多觀察其他同齡小孩。

2 這是你的擔心，還是其他家人的？是否為了維繫家庭和諧、或不想和其他家人衝突，而把孩子的行為視為「需要解決的問題」？

3 擔心的是孩子表現出來的行為，還是有其他因素？例如，孩子的行為會讓你被他人視為不稱職的父母？

4 擔心孩子的行為將演變成的災難性後果，是否也是你的親身經歷？或曾目睹他人經歷過？（例如，小時沒朋友，稍大時真的被霸凌而無人願意相助）還是只是來自於印象、甚至新聞報導？

5 孩子行為的後續發展，有沒有「好」的可能性？例如，容易動手也許是自我保護意識強，對於人際界線敏感、堅持，甚至是富有正義感。把正面跟負面的可能性都寫下來，將明白自己對於「如何看待孩子」是有選擇的。

6 生活中是否有其他壓力正讓你喘不過氣？心靈具有非常刁鑽的能力助我們逃開核心難題，把焦點放在「威脅較小」的課題上。但核心難題未解，其他課題再怎麼處理也徒勞無功。最常見的例子便是婚姻問題及與長輩的衝突，如此龐然大物不想面對，全家人便很有默契地把眼光都放在小孩身上。一個當下的課題（例：不愛吃飯），就變成災難性思考的最佳養分。畢竟小孩子就是該管要教（相對於其他成人威脅較小），多做點、多控制點總是好的（爭議較小，因為大家都是為了孩子好）。

從以上六點不難發現，災難性思考來自母父的個人課題，及被困住的心思無法跳出框架。除了更多的自我成長行動，跳出框架最好的朋友莫過於幽默感了。

只要有心，人人都可以有幽默感

我們都喜歡親近富有幽默感的人，也渴望自己能擁有這無限手套般的神物，但我經常聽到「唉，我天生就沒有幽默感，是個無趣的人」這般的抱怨⋯這可嚇死寶寶了！從來不知道幽默感是天生，想擁有還得看老天臉色?!

如果說的是笑翻全場的能力，也許真要點天賦異稟；但若是「**具備面對壓力時能適時放鬆，把正面、甚至有點趣味的氛圍帶進生活裡**」的能力，我相信每個人都能做到。這種幽默感的培養方式，即是上面提到的「跳出框架」。

「醜爸，要先有幽默感才能跳出框架吧?!」好像沒錯，但要解類似到底先有雞還蛋的難題，最萌的方式就是「先試著跳出去（框架）再說！」跳不跳得出去不知道，但有跳有機會！以下是我個人常用招數，請參考：

1 叫我往左偏要往右

「跳出框架」讓我最快聯想到的即是偏要做相反的事，也就是「刻意違反慣性行為」。例如，看見三歲孩子動手，我們經常大叫不可打人之大道理，但換個方向想，可以跟孩子談「一直打人會怎麼樣」。只要照顧者願意先放下指責，好好跟孩子探索，孩子會發現「打人」無法讓自己覺得比較舒服，反而兩敗俱傷。照顧者也會發現孩子並不喜歡打人，而是因為無能控制的衝動。此時的焦點即可放在孩子要先到一旁照顧自己（哭、休息、吃喝、繼續生氣……等），還是照顧別人（關心傷勢、解釋、道歉……等），或直接轉換情境（換遊戲、到另一角玩、換地方玩、回家……等），避免窮追猛打罵小孩個不停了。

2 如果我不是你娘

正所謂「易子而教」，要父母把對孩子獨有的擔憂放下，第一件事就是不把自己當娘，把自己想像成老師、鄰居、專家，這些人會怎麼做？有些媽媽抱怨伴侶的教養方式很不ok但卻見鬼的有效，非常不服；其實不妨試試，讓自己親身去感受兩種做法的不同，也許會有第三種方法出現。

3 喇賽大法

直譯是轉移注意力，包裝後可以拿來唬人的叫「引導孩子跳出框架」。有時和孩子天馬行空的亂聊，當注意力轉移後，他們的情緒也漸漸消散，便有能力繼續工作，或是換個角度面對難題。例如，有次我們家老大跟老二正在口角，手也沒閒著，你摸我頭我戳你肚子。我走過去問老二「哇～你用的是螳螂拳喔？」老二馬上反問「為什麼說我用螳螂拳？」接著我們就討論起來，老大本來就不喜衝突，也隨即加入，口角就莫名其妙收場了。

有專家指出「轉移注意力」是一種逃避面對孩子情緒的作法，用多了會阻礙連結、也容易形成不夠真誠的親子關係。我很同意，但「背後的動機」及「次數」是關鍵。如果照顧者總是賽喇個不停，不願意好好面對孩子的情緒，這就變成無謂的搞笑，而非幽默感了。

曾有照顧者向我表示，他很不習慣往另一個方向走，會感到很慌；易子而教又覺得不切實際，喇賽更是不知如何開口。如果你也有重重框架與自我限制，建議參閱〈鬆動內在規條，開啟改變的可能〉，並與可信任的他人或團體進行討論。

願幽默感與你我同在！

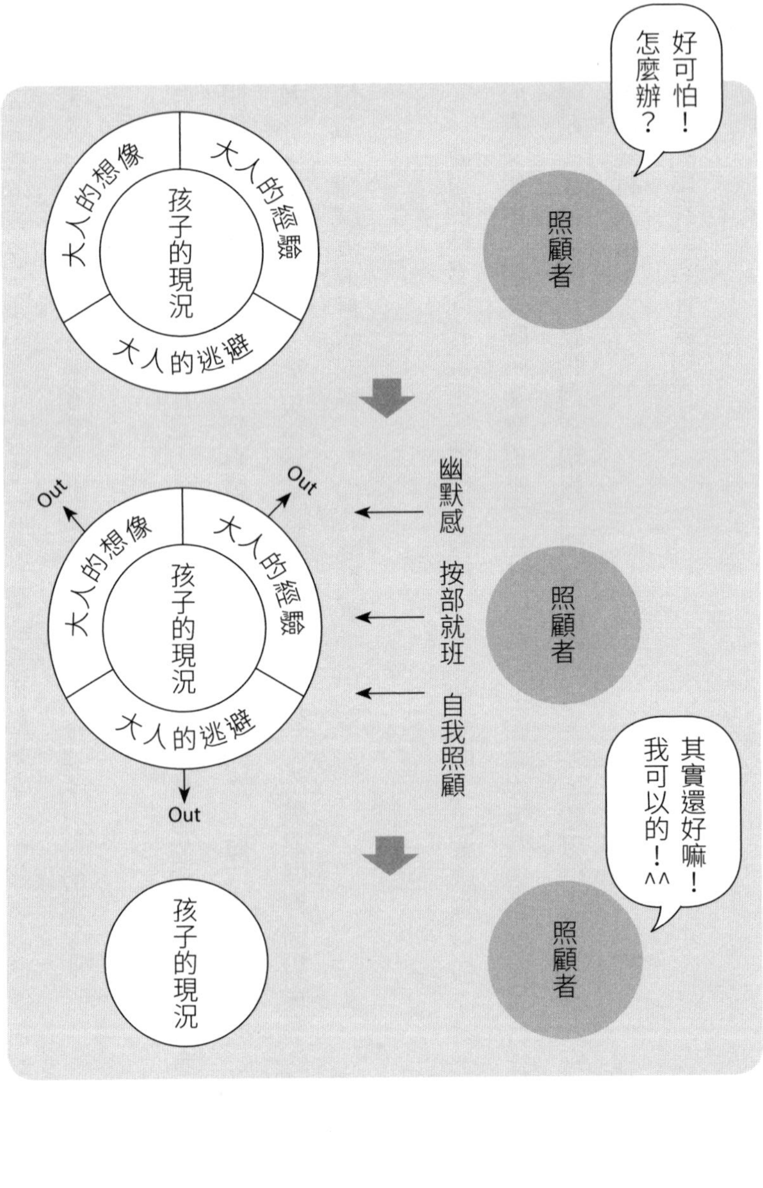
好可怕！
怎麼辦？
照顧者
大人的想像
大人的經驗
大人的逃避
孩子的現況
幽默感
按部就班
自我照顧
照顧者
Out
Out
Out
大人的想像
大人的經驗
大人的逃避
孩子的現況
其實還好嘛！
我可以的！^^
照顧者
孩子的現況

去上課吧！

在我們成長的年代，「教養」大概從青少年開始，那時由於飆車、毒品、電玩等違法活動頻傳，孩子與父母之間的互動也較過去稍微開放，部分學校、機構會為了青少年的父母舉辦講座，幫助照顧者多點了解叛逆期孩子的行為。在青春期前，還真不知道有誰會感慨「孩子要怎麼教啊」。

現代父母，愈來愈多從「懷孕」開始，就已非常認真地從教養書籍K到心理科普類別，也早把網路讚聲一片、評價 4.0 / 5.0 以上的好書咀嚼一番。隨著孩子出生、長大，聽演講、參加講座也是家常便飯，把講者豐富的知識、有溫度的經驗化為二小時的濃縮雞精，一飲而盡。面對如此母父，我都是由衷讚嘆感謝，自主的親職成長無論在哪個年紀發生都很動人。

如果做到以上程度，仍是覺得有很多卡關、情緒容易走鐘、負面想法排山倒海撲鼻而來，感到體力已耗盡內力也不足時，建議大家「去上課」，投入有系統、需較長時間學習的課。

改變需要時間，信念有待深化

是否曾聽過台上講師說「這些是我十幾年來學習的感想」？那可能是真的，而非誇大之詞。我們的大腦很厲害，短時間（六～十二個月）即可把一套理論及相關技巧學得透徹精通，倒背如流還說得舌燦蓮花，但卻不一定能真的「行」出來。

例如，我很常被問到一個問題：「要如何感受自己的情緒？」因為童年不被允許自由地表達悲傷、挫折、失望、憤怒等被歸類為負面的感受，我們學到這些感受是危險的，會為我們帶來麻煩，於是發展出逃避這些感受的機制，其中「否認」就是一個常用的機制。經過多年練習，我們不但否認，還練就出「全自動」的功夫，舉凡否認、逃避、略過、裝死、鬼打牆，招招得心應手，卻再也無法輕易感受。

要打破全自動否認機制，須從「有意識覺察自己的行為、情緒」開始，這一練可能就是一年，才能進入重建表達與真實感受的連結。這個改變的過程，不但需要有系統的學習，更需要和夥伴練習，及在群體中彼此支持陪伴。

另一個更常被問到的例子：「我要如何同理孩子？」不需讀書、聽專家演講，任何會用搜尋引擎的人，都可以幫你整理出連心理師都無法立即想到的完美答案。然而，「同理」是這樣學的嗎？很難。同理不只是語言，還是心境、是人生觀，更是我們如何看待自己、面對人性的直接印證。自在地陪伴孩子，好好聽他們說話，即是很好的同理。但這些「自在陪伴」、「好好聽」，可能需要花上好一陣子摸索，並深化、整合至原本的自己。

什麼樣的課比較好？

課程很多，但問題是「哪一個適合我？」

個人建議先從選擇「媒介」開始。雖然只要時間允許，許多人喜歡實體見面課，但對不少人而言，實體課的節奏與面對面的近距離，反而惱人。我曾被問到：「醜爸，你上課時會問台下的人問題嗎？」可見壓力之大。不喜互動的朋友，可以考慮線上課程；但如果又覺得不能都不互動，現代科技已透過討論區、聊天室、立即直播等功能大致克服此難題。而且線上最大的優勢「有空再學、想學多久就學多久」，是實體課望塵莫及的。

除了媒介，多數人會以「潮不潮」作為選擇依據，但要確定是否能滿足你的目的？大多數父母在選擇課程時，仍是以「改變孩子的行為」作為參考標準：如果學了這東西我能教好孩子，好課；用了這方法家裡父慈子孝姊友妹恭，好好課。但多年的工作告訴我，要改變孩子不是不行，只是最後都會發現羊毛出在羊身上：改變自己吧！

我們都有能力改變自己

改變自己並非現在的你不好，也不是因為孩子不好，所以當父母的要變得更強，而是嘗試用新的眼光看待這份關係和彼此的互動。嬰兒時期，我們直接決定孩子的生存；進入學步期，父母開始引用大量外在規範來「教養」孩子，幫助他們社會化，習得所謂「正確的行為」（＝少惹麻煩）。年紀漸長，孩子也嘗試汲取自己內在的力量來測試、適應周遭環境（請參考〈用正在成長的你，陪伴孩子的惡〉）。

此時的孩子需要「真誠、當下的陪伴」，但這卻不是我們熟悉的；我們熟悉的，很可能仍是父母傳給我們的「威權、階級式的管教」。針對這點，薩提爾女士有很精闢的洞見：童年的我們依賴「生存模式」以得到父母的認同、肯定，但條件是我們失去與自我的連結，服從於威權與階層之下。當我們長大，可以為自己的人生負責時，便能轉而選擇「成長模式」。成長模式強調體驗自己的力量，重視自己也尊重他人，不控制對方，真誠表達感受。

如果真誠、當下的陪伴孩子是我們渴望的，讓自己成為活在「成長模式」下的母父，就是一趟無可迴避的旅程。我們可以選擇旅行的速度、時間長短、隨行的夥伴，但方向是不變的。

學習並內化這個新模式，即是我所謂的改變自己。

至於要上什麼課跟哪個老師，現在的資訊很豐富，只要願意花時間搜尋、採取行動報名試上，相信你一定可以做出最適合自己的選擇。我在本書【成長的故事】裡，收集五位母親的自我成長故事，見證了雖然「上課」需要的不只是時間和金錢，還要有願意改變的勇氣。但當收割的一刻來臨時，你將發現生命蘊含的可能性持續帶來的驚喜（笑）。

找到你的學習風格與步調，去上課吧！

輯四

成長的衝突

從情人變成夫妻再變成豬隊友？

這個標題雖然我取得萬般無奈，但真心道出了現實。

「豬隊友」是媽媽們在怨懟之餘賜給伴侶的封號，這個封號也幾乎成為許多媽媽社群裡面的「爸爸代名詞」。最令媽媽們感到納悶的，是「這跟我當初看上的男人根本不是同一個！為什麼你變了?!」但爸爸們內心大概嘀咕著：「亂講，變的人是妳吧！」

這究竟是怎麼一回事？

好心的建議也可能成為指責

不可否認，育兒這件事媽媽通常是比較有sense、有fu、也很認真學習的那一位。秉持著「我好你好孩子好」的期待，媽媽們自然想要另一半即使無法見老婆思齊，好歹也老公效顰一下。但這樣的「好心建議」，對爸爸而言很容易視為一種指責。

在孩子加入前，夫妻間可能對彼此並無太多建議，而且有些事翻個白眼忍一忍，也沒什麼好要求來要求去的。但孩子一出生，爸爸相較於媽媽，很容易整個弱掉；這個弱掉的感覺在一片忙亂中無人看見也無人照顧（加上爸爸可能也不知如何照顧自己），但媽媽對爸爸的指使叫喚建議卻與日俱增。累積到某個程度，爸爸只能舉頭望明月：「我什麼都做不好嗎？」低頭大嘆：「不然是要我怎麼樣！」

妳最懂為什麼還要叫我做？

許多爸爸不擅長處理自己的挫折感，加上相較於關注自己的感受，男性更願意投入於問題解決。當無法讓妻小滿意，而眼中的妻子就像專家一樣明著暗著建議個不停時，很自然就跳過面對自己，直接質疑「妳最懂、我不懂，為什麼一直叫我做？」、「我認真工作，也盡力配合，但標準可以低一點嗎？」

由於媽媽從來也不是惡意，一被質疑也不免動氣：「不懂不會所以才要你學啊！」、「體脂標準可以低，教養標準低老娘就跟你拚死活！」彼此的挫折感沒被看見、更別提被照顧，怨懟即容易加深，埋怨也一發不可收拾了。

在外鋼鐵人在家溫柔超人？

雖然我們極力鼓吹男性在家要溫柔體貼、相妻教子，但在職場上所謂的「男性本色」還是更容易被肯定的。充滿說服力、眼神銳利、情感內斂、就事論事、再帶點霸氣就更好了……但這些東西，回到家之後能怎麼用？能如何被欣賞？我們可以理直氣壯要求男性：「抱歉喔，孩子跟媽媽要的是充滿親和力、眼神柔和、情感豐富、同理傾聽、再帶點幽默就更好了。」但這些東西並不是說有就有、說轉換就轉換。沒有人告訴爸爸、也沒人幫助爸爸修道成仙，好似一切都是我們本來就該做得到的，做不到也得變出三分像！

當然我們知道有人做得到，樣樣具備，但這樣的比較，不就是對親密關係最大的威脅嗎？

夫妻關係會走到豬隊友的最大關鍵，在於我們幾乎沒有時間喘息。各種壓力紛至沓來，我們更無法放下孩子的需求，只好把對方的、自己的、彼此的需求不斷放進「待辦事項」。漸漸地，我們會建立其他的支持系統（雖然這不見得是壞事），好像真的我們不再這麼需要彼此似的。

真的嗎？

不能神救援，也可以不是豬隊友

我們都是用最高規格標準、最殷切的期待迎接孩子的到來，這些無論是從哪裡冒出來的「最」，皆無聲無息阻礙我們與「現在」的連結：和自己的、伴侶和他們自己的、及彼此的連結。我們起初都是「母親界的新生兒」、「父親界的新生兒」，但都自動給彼此跳級，企圖成為「最」好的。以下兩點是多年來醜爸陪伴許多家長的心得重點，供你參考（建議搭配本書其他章節服用唷）：

1 如實地接納「現在」的他

邀請你，先接納對方「現在」能做些什麼？這無關好壞對錯，而是如實看見一個人的能與不能。當對方能自在坦然地說出自己的不能，有助其感受到較高的自我價值。如果一個人必須硬著頭皮表現、不能面對自己的掙扎，自我價值感自然降低；自我價值一旦低落，想要他嘗試新的可能就更不容易了。

沒錯，這好像在訓練孩子做家事，「但伴侶不是孩子啊！我不依！」這真是很累人，不過如同前面所述，要承認自己不會，轉頭向伴侶學習是很不容易的。給予他們更多嘗試的空間，更有「控制感」——就像男孩打電動最討厭別人在旁邊鬼叫教我們怎麼玩，我們寧願失敗好幾次但摸索出策略——那種成功破關才讓我們覺得自己好棒棒！

2 「活在當下」的溝通

比較以下兩則對話情境：

A

「你可以來幫小孩刷牙嗎？我忙了一天你幫忙刷個牙不為過吧？」（酸酸的暗指先生不幫忙）

「不要講得我什麼事都沒做可以嗎？我上班就沒有忙了一天嗎？」（被攻擊了，馬上把爸爸的本業搬出來）

B

「我很累，希望可以休息個二十分鐘，我們現在有什麼選擇？」

「這樣……妳再撐一下，我把這個弄完，然後孩子就給我，這樣ok嗎？」

A暗指「我的辛苦都是你不負責任造成的，身為孩子的另一個照顧者，你要跟我做一樣的事」，夾帶攻擊的需求，通常只有攻擊會被接受到，需求則被忽略了；收到攻擊的先生，回擊是基於求生存姿態、自動反應。

B則是針對當前遇到的問題，用「我句型」把自己的期待、困難說出來，且不夾帶攻擊以證明自己的正當性。清楚地**讓對方知道「我有困難，需要你的幫忙，你沒有責任一定要滿足我，但我需要你。」**先生較有機會接受到「老婆有需求」，因此開始他擅長的「我可以怎麼做」問題解決模式。

接納對方現在的能力與意願的同時，我們也要負起照顧自己的責任，可以清楚表達自己的狀態、有什麼樣的需求及希望對方的陪伴。即使對方無法

滿足我們，也不會覺得被攻擊，以至於使用連他自己都不願意使用的話語回擊。接納當下自己的辛苦，再和「如實的對方」對話，更有可能看見彼此真正的需求。

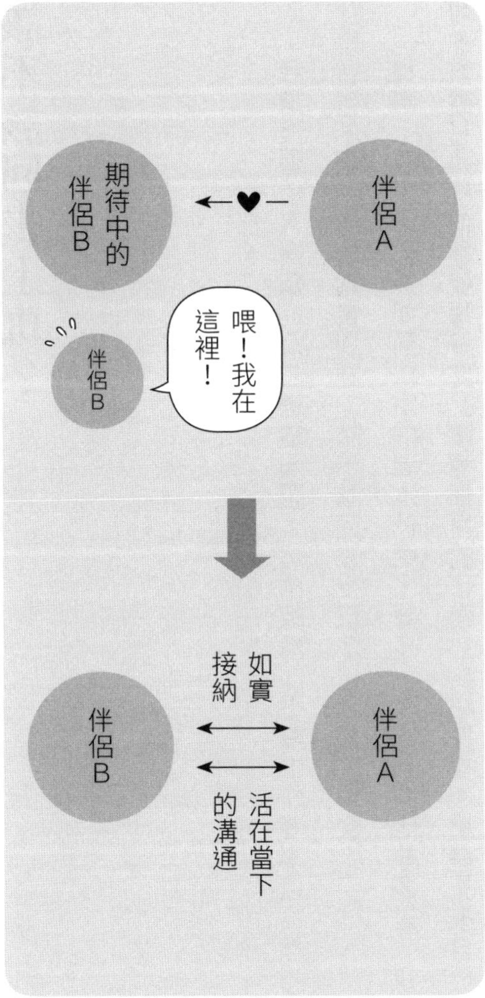

該不該回去上班？

我還沒遇過有媽媽從沒想過這問題，這個被兩性平權工作者不以為然為什麼爸爸不用考慮的現實課題：該不該回去上班？

實際上真正不知該如何決定的老木們應不算多，我遇到的比較多是「我想應該就是這樣但總覺得好像又哪裡怪怪的」內心糾結掙扎。這掙扎來自於「已經做好的決定」通常是比較容易上手也符合這個家庭生活圈大多數人的利益。例如，先生工時沒有彈性卻賺很大，娘家父母夫家公婆都在外縣市，小孩從孕期至今大小災不斷，這看來除了媽媽在家坐鎮外，沒有第二個可能。

但為娘的總覺得內心有一個斯霸特（spot）沒有被照顧到，有點空、悶悶的。這個失落帶來許多不安感，而這個沒有被照顧到的不安感，若任其滋長雜草，往後處理起來也是勞民傷財。

「該不該回去上班？」也許是個次要命題，誠如薩提爾女士相信的「問題的本身不是問題，如何面對問題才是問題。」上班不上班這個問題不會只是個案，能否透過面對這個問題來看見自己更深層的渴望與需求，將更有關緊要。

無論對未來的決定為何，皆邀請妳來觀看自己發生什麼事？如何影響妳的現況？也許能看見自己的脈絡，與那些得與失對話，讓每段經歷都能成為下個階段的祝福。

認同感的來源？

上班還是帶孩子，帶給妳比較多認同、肯定，無論是別人給妳的，還是自己給自己的？有些媽媽很肯定要回歸職場，因為那曾是她橫掃千軍、大顯身手的榮耀舞台；有些則一心嚮往全職母親，享受在學校與職場從未體驗過的滿足感。這兩個例子代表積極的追尋認同感，因為被自己的渴望引領往前走；但有些人對職場無啥眷戀、也沒特別喜歡當媽媽，兩害取其輕，選了那個沒那麼討厭的。

積極追尋與消極逃避並不是白與黑、對與錯之爭；也不是說因為工作與育兒占據我們太多時間，非得從其中一個找到認同感不可。而是一個人可否清楚知道自己的認同感從何而來，願意直接面對並滿足這個需求，將大大影響其自我價值。

控制感的起伏？

最直接的，就是經濟來源。

若要票選「全職媽媽經常抱怨伴侶十大主題」，「管老娘錢花到哪裡去」肯定名列前茅！這個抱怨在成為全職媽前可能是前所未聞，畢竟當時自己的錢自己賺，花到哪裡去需要跟誰報告？但現在即使伴侶只是「好聲好氣關切詢問」，媽媽自己好似拿人手軟，心情五味雜陳。

不能以自己的意志決定如何用錢，可能不是上班媽媽的點，然而，控制了錢、卻意味著與孩子一日相見四至五小時，從對他瞭如指掌，到現在好像保母、幼兒園都比我更懂他；上班的日子，也意味著跟先生會一起把工作壓力帶回家，加上孩子也從學校下班，整個晚上砲聲隆隆，談何控制感之有?!

「我」是誰？

成為母親後，母親似乎不再只是母親，不只研究這麼說[1]，我們共同的

1 見 Robert Martone,〈Scientists Discover Children's Cells Living in Mothers' Brains〉。網頁如下：https://www.scientificamerican.com/article/scientists-discover-childrens-cells-living-in-mothers-brain/。

經驗也是媽媽總是能感孩子所感，當爸爸還在「蛤？」的時候。過去我們以為那是因為女性特有的敏感，但也許是母親在懷孕過程中，「胎兒一部分的細胞透過胎盤擴散到母體體內，再隨著母體的循環系統傳遞到母體身上不同的器官」[2]。因此母親總是心繫著孩子，直到他們長大，母親卻發現「我」已非我，如何單純自由的與自己相處，卻陌生了起來。

當自我價值的中心，從「我想要」被「我們想要」代替時，個體的言行舉止便不單純是滿足自己，而是意圖透過取悅「關係」而間接滿足自我。然而，當關係中的一方與自己不同調、或是無法繼續維持關係的強度與連結性時，失落與不安隨即發生。我們也將開始懷疑：「我究竟想要的是什麼？」

妳的意義就是妳的意義

透過上面三個更深入的自問，我們能否給予最真誠的自答？愈清楚明白這些問題的答案，關於該不該回去上班的解答也就呼之欲出。

「可是我對這些問題的答案很模糊耶！」

由於這三個問題的答案來自於對自我的理解與接納，這本書【成長的養分】章節，將給妳資源及工具探索自己的內在。除此之外，提供三個小建議讓妳搭配自我探索一起服用：

1 接納自己，負起認同自己的責任

自幼我們仰賴父母親的認同，進入學校後期待師長，工作上則擔心業績與考核，我們始終把認同感交給「外在的人事物」決定。因此當失去外在肯定時，我們的自信也遺落了。

無論未來要上班還是全職媽媽，「接納與認同『現在』的自己」是首要

2 見時穿，〈這不是面積有點大的胎記，而是我的雙胞胎〉。網頁如下：https://dq.yam.com/post.php?id=9080&fbclid=IwAR1yIh94ZLsyGPryYNtpmoEy2juG2cYz2Fx2uGzCows9Je9zq9O-pd0TVv8。

之務。如果無法從現在的生活與處境看見自己的價值，下一步決定很可能只是「擺脫現況的替代品」。帶著低自我卻不斷轉換情境，換來的也許是對自己更多的困惑。

2 錢非萬能，但真的很重要

這個感想是數年來一路陪伴媽媽、家庭們得到的結論。身處於功利社會，無論伴侶值不值得信任、會不會獨厚小三慘了妳，還是自覺沒生產力、錢用得很心虛，「用自己賺的錢」是影響非常多母親的信心、控制感，甚至自我價值的關鍵因素。

這裡不做理論闡述，只是邀請妳體認、甚至接受自己現在的信念。如果「擁有自己不被他人管轄的經濟實力」對妳有莫大的影響，請務必正視這個需求（再一次強調，這無關乎伴侶可不可靠、信不信任妳），別硬是以高道德標準來說服自己。

3 與自己的渴望連結

薩提爾女士相信，在渴望的層次與自己連結，對於高自我價值是非常重要的。例如，我曾陪伴一位母親，發現她強烈的渴望「被認同」，而且現階段工作比育兒帶給她更多的成就感。當她願意承認並接納現在的自己、接觸這個真實的渴望後，她便能放下對「較少時間陪伴小孩的罪惡感」，帶著積極正向的能量尋訪保母、建立上班時在她身後的強大支持網。

當然，這不是完美的決定，但在更認識自己、接觸渴望後，她能堅定安穩地站著，帶著勇氣，為自己的人生冒險。

阿公阿嬤之無盡的愛

雖然隔代教養不是家家皆有的課題，但卻是痛起來要人命的麻煩事；又易與婆媳相處、原生家庭、婚姻失和……等議題勾勾纏，根本蜘蛛人等級的難分難解。如此等級的魔王關，即使逃避可能有用，認真面對也不至於徒勞無功。對隔代教養、長輩議題有興趣的，我們就跳過大道理跟溫情同理，直接用我最活跳跳的觀察與輔導經歷來呼應您的淚濤濤日常吧！

請先誠實面對自己

下這個標我都覺得自己很泯滅人性，但針對這個課題，置之於死地而後生也許是最痛快的途徑。無論是自己的父母還是別人的，都不是自己挑的，但我們可以選擇如何面對。如果這是一個你不想要的婚姻，如果你沒有勇氣與人正面衝突，如果你需要一份薪水來維持自信心……這些都是事實，也都可能是你看不慣長輩背後真正的原因。

我們也許會因為這些事實而無法給予孩子「理想」的環境，但孩子會因為「不夠理想的環境」就被誤了一生？**孩子會因為你的選擇而受到各種不同的影響，請也注意、欣賞、肯定那些正面的部分**：

若長輩寵溺孩子，相對的即不會遭到失格幼保員、老師的虐待；陳舊的教養觀念，換個角度想即是他們對自己的經驗有自信；怨嘆仰人鼻息、不握有孩子教養的主導權，但每月帳單省下來的保母、幼兒園費用，如假包換。更別說因為長輩帶孩子讓我們不用趕著接送、腸病毒不用請假在家看上司臉色（同時還是有數不清的伊媚兒跟 LINE 訊息）、甚至還有晚餐可吃（十明天的便當）。

是的，為了這些「好」，換回的是我們覺得不夠好的教養，但這是我們的選擇，也是我們「做不到的地方」。也許從決定要不要無痛分娩……不不，從吃哪一牌的維他命……不不，看哪家婦產科，媽媽們就開始「與自己的愧疚感搏鬥」。對許多母親而言，愧疚感的最高峰可說是「上班」，或是任何形式的「為了○○○所以不能帶孩子」。這個高峰能否退燒，我們經常以「其他人的表現」為依歸。別人孩子帶得好不好，成為影響我們自我價值的主要依據，但這樣，會不會累了別人、苦了自己？

放下內心的愧疚感

「孩子自己帶了幾年，交給別人照顧當然會擔心啊！」

對孩子自然的關心、擔心無庸置疑，我們要檢視的是這些擔心裡頭有多少成分來自「愧疚感」？尤其當愧疚感與母愛的高標準伴隨在一起時，關心與擔心即容易成為對長輩照顧者的質疑與責備。例如，有些長輩不愛帶孩子到公園遊戲，可能是怕麻煩、不想清洗小孩，同時也擔心孩子受傷。但這看在母親的眼裡可能格外無法接受：

「想想我上班前每天帶她去公園、遊戲場玩翻天，多開心啊！」

「這兩個老人只會電視育兒，我怎麼能放著不管呢？」

前者有愧疚感作祟的可能，後者則是母愛高標準，這兩者結合在一起時，容易忽略老人家極可能面對的現實：行動不便無法追著孫跑，孫子受傷了也覺得難以交代，曬烈陽淋小雨都有生病的可能。雖然我們的賀爾蒙跟親職天性是用來照顧小孩不是長輩，但當我們眼裡只有孩子時，阿公阿嬤們該往何處去？

「照你這樣說，難道上班族的小孩都很衰，有不合理的事父母只能吞下去?!」

與其全面開戰，還是先從自己做起吧！

如果硬起來有用、長輩會有所改變，也不啻是個方法；但更多時候母父們的全面開戰（好啦，通常是媽媽單獨宣戰），換來的是尷尬的氣氛與互相指責（媽媽愧疚感還加重），而且最終目的——改變孩子的成長環境——還是無法達成，正所謂賠了夫人又折兵！

還是從自己先開始調整吧！以下這些大原則，是我實際和一些媽媽們試驗過並回報有效，在你家能否建功，我們一起拭目以待！

1 過來人的心路歷程

遇到教養問題時許多父母會求助書籍、網路文章，除此之外，不妨請教有年齡較大孩子的爸媽，也曾（或同時）面臨隔代教養的難題。他們與妳沒有利益關係，不是要賣書、也不求增加流量跟讚數，但他們的經驗談對於降低愧疚感與焦慮是有幫助的。例如：

「妳管小孩在阿公家看多少電視幹嘛？重要的是假日你們一定要帶他出去走走。」

「長遠而言夫妻關係還是比較重要，不要因為跟長輩衝突而破壞婚姻。」

「孩子上學很多習慣都會在學校養成，爺爺奶奶在家要怎麼做長期來說影響不大。」

不中聽當然可以選擇微笑再連絡，但因為他們真實地走過，深刻明瞭其中現實與理想間的落差；也因為經歷過愧疚感產生的過度焦慮，可以給予你專家也無法提供的溫情同理。

2 用長輩習慣的方式表達

最簡單的例子，是長輩習慣「委婉」，委婉並非指講話虛偽敷衍，而是用「不直接點出問題」的方式建議或協助長輩。例如，與其說電視看太久對小孩不好，不如說「醫生說每天聽三十分鐘故事，讓眼睛休息對孩子很好」。吃糖果會蛀牙，可以建議長輩給孩子吃完糖後幫他刷牙。沒有人喜歡被直接指出「做不好」，更何況指出的人是飯吃得比鹽巴少的小輩。

雖然我們是孩子的母父，但大半天的照顧者另有其人。**究竟該「告訴他們怎麼做」，還是「在他們原本的作法上，幫他們做得更好」，值得想想囉。**

3 三明治溝通法

在說出「意圖要長輩改變的作法」的前與後，加入「好好欣賞並感謝他們」的語句。此三明治搭配上述第2點尤其夠味！

例如，長輩喜歡餵食糖果，眼看無法改變，但至少可以從「健康一點的零食」開始嘗試：

「媽，小恩很喜歡吃妳給的糖果，我幫你們準備一個盒子，裡面有糖也有營養餅乾，可以增加礦物質喔，再麻煩媽幫她刷牙，或是我回家再幫她刷，謝謝！」或提供其他的糖果選擇，慢慢地用更好的替代品讓長輩相信你是在「幫忙」，而非「教他們怎麼教小孩」。

我們當然可以把「覺得對孩子最好的教養與環境」放在一切的最前頭，不惜以自己的經濟能力、職涯規劃為代價，也情願與長輩衝突，力爭到底。但如果這都不是你的選擇、或尚未準備好付出代價，在那之前，請誠實接納自己的做不到。

做不到的我們，還是好母、良父。

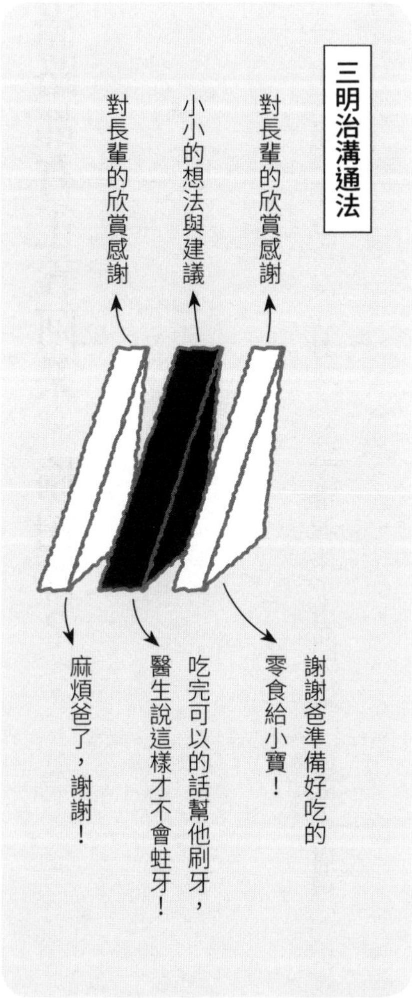
三明治溝通法
對長輩的欣賞感謝
小小的想法與建議
對長輩的欣賞感謝
謝謝爸準備好吃的零食給小寶！
吃完可以的話幫他刷牙，醫生說這樣才不會蛀牙！
麻煩爸了，謝謝！

滿路都有正義阿桑、偷拍姊？

在直播、4G還沒普遍前，父母帶著孩子出門在外，最擔心遇到「正義阿桑」：

「小朋友在哭什麼？長這麼大跌倒還哭，羞羞臉！」

「這位馬麻，小孩子穿這樣會冷到啦，妳沒有幫她帶外套嗎?!」

「小男生怎麼留長頭髮？人家以為是女生怎麼辦??」

這些善意的管閒事叮嚀，經常造成母父們很大的壓力，甚至不舒服。到了直播、4G橫行的年代，正義阿桑已經不夯，「偷拍姊」才是社會正義的象徵……舉凡捷運上有小孩吵鬧父母不制止、餐廳裡父母縱容小孩橫衝直撞、冬天騎機車媽媽羽絨外套小孩穿吊嘎……甚至，有人還明著拍，威脅父母要交給媒體或po臉書爆料社團，大家一起肉搜公審。

這些「關心」與「正義」之所以如此惱人，是因為他們觸動了為人父母最不想被看見的情緒：恐懼。

讓我們試著與恐懼共處

如果說「愛」是我們給予孩子一切的原動力，「恐懼」也是。例如：

為孩子找最好的家教——

（愛）為了給孩子最好的教育

（恐懼）害怕孩子跟我們一樣不能從小獲得最好的教育

嚴格限制孩子的電視時間——
（愛）保護孩子明亮的雙眼
（恐懼）擔心孩子跟我們一樣成為高度近視

透過上面的比較可以發現，從愛以及從恐懼來的力量與情緒很不一樣，但母父在教養時，不易分辨這些限制與規矩是來自愛還是恐懼？如果來自恐懼，難道要去除掉這些恐懼才能好好愛孩子？當然不是，恐懼是人類最原始的情緒之一，幫助我們生存至今，得以面對各種危險、難以預料的情境。**我們要做的，是覺察及承認、並嘗試與恐懼共處，才不會在恐懼襲來的當下，不自覺地以憤怒、焦慮等情緒偽裝、壓抑自己**。「否認自己擁有某個情緒」是與人失去連結的始作俑者，因為我們過於專注在營造某個特定形象，意圖影響他人，結果反而讓互動失焦了。

可是，路人的關心跟正義帶給我們什麼恐懼？簡單說：

我無法提供理想的成長環境給我的孩子
我沒有能力保護我的孩子
我不是一個好媽媽／爸爸
我的小孩不夠好
我不夠好

世上有所謂的教養專家，但還沒有出現公認的百分之百完美父母，即使最自我陶醉、對自己的教養方法胸有成竹的阿拔阿木，還是會因為「孩子實在太重要」，不禁以最最高標來要求自己。在被任何人詢問質疑下，也不免自我懷疑，擔心疏漏了、搞錯了什麼。

「好吧，我承認當有人來關心來正義我時，會非常緊張害怕，覺得自己被人糟蹋、一切努力都白費的感覺。那……我能怎麼辦？誰叫這些人這麼雞婆、自以為是?!」當我們覺得他人的言行「直接」造成我們的不舒服、引發我們的恐懼感時，馬上制止對方的確是最清楚的表達。但矛盾的是：

1 對方可能全然是好意，只是我們自己的防衛系統被恐懼感啟動，對方反遭池魚之殃。

2 嚴格說，我們也經常感謝許多路人的拔刀相助，像是下公車前幫忙拉一把推車，在飛機上願意陪小孩玩、忍受他們「適應飛行」的友善鄰居。我自己也不只一次按捺不住主動「雞婆」，雖然也被冷處理過，卻也發現許多媽爸其實是無助的，只是沒有開口求援。我們的「雞婆」，可以是任何人的及時雨。**沒有人會樂見父母需要協助時，路人們兩手插腰、事不關己的樣子**。

問題來啦，希望人家好意詢問或熱心出手，但又要人家很識相照我們的規矩走，能同理傾聽還顧慮到我們的恐懼感受，這種溫熱貼心服務簡直是心理師等級。

那怎麼辦？

練習拒絕的勇氣

我們的文化給予「好意」相當高的地位，即使對方手段不怎麼讓人愉快，拒絕他人的好意似乎都是一種「無禮」。因為如此禮教的潛規則，當我們對他人的好意感到不舒服時，相信很多人跟醜爸一樣，就是一把抓起小孩，三十六計走為上策！但這樣慌張竄逃，究竟會帶來什麼後果？如果不舒服感是來自於自己的恐懼，我等於1傷害他人的好意；2逃避自己的責任；3示範不當應對（這位爸爸你會不會逼死自己XD）。除了竄逃，有沒有可能好好地拒絕別人呢？

首先，我們可以先提醒自己「**無論對方的意圖為何，我們要面對的，其實是自己的情緒。**」即使對方不懷好意甚至有心挑釁，跟著跳下去攪和不但出不了惡氣，還可能讓不知所以然的孩子驚慌失措。畢竟人質……不對，孩子在我們手上，可以不隨之起舞，決定權操之在己。

如果覺察到對方的言行已激起自己的怒氣，無所謂在行為層面跟對方爭長短（除非妳覺得這是「教育」對方的好時機，但也請考慮到孩子是否想跟妳肩並肩面對高張力對話），我們可以態度平和地申明自己的立場、觀點，並表示尊重對方的選擇，然後離開。

如果不溝通、不回應，離開後卻出現強烈的情緒反應，對自己和孩子可能都有負面影響。孩子看在眼裡，是否也失去一次學習如何「合宜拒絕他人好意」的機會呢？

「剛剛那個阿嬤想要幫忙，但馬麻不想要，就跟她說『謝謝，我跟孩子需要時間聊聊。』」、「不過馬麻還是覺得有點害怕，我不認識她，而且很兇，就牽著你走到旁邊。」

孩子知道，害怕仍舊可以面對，因為媽媽跟他一樣「正在練習長出社會文化幾乎不教給我們的『拒絕的勇氣』」。我們希望孩子默默、委屈地離開？還是禮貌平和但堅定地拒絕別人的好意？這高深莫測的密技並非成天說大道理就能教會孩子，父母日常生活的以身試法示範才是練功關鍵。

至於那些不尊重人的正義阿桑、偷拍姊，退散！

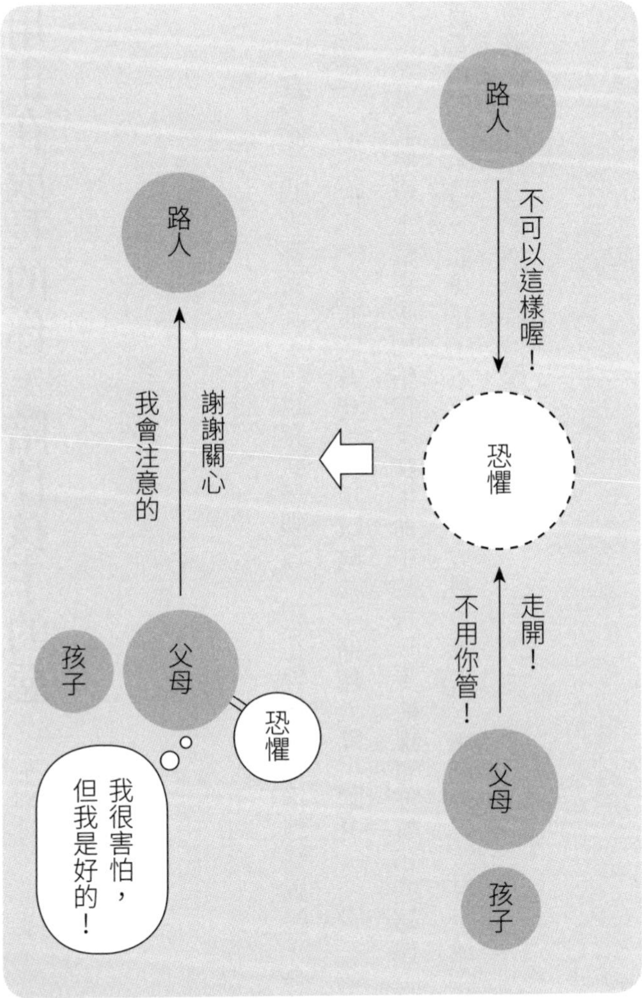

用正在成長的你，陪伴孩子的惡

「醜爸，我書都看完了，也有試著練習，現在整個人覺得經絡通暢，骨骼強健，心中的小太陽暖暖升起……可以陪孩子翱翔天際了吧?!」

請讓我先獻上恭喜！相信孩子在生命中的每一步能擁有你覺知的陪伴，是幸福的！不過，如果孩子不打算飛呢？或是嫌風大、風向不好，甚至給你逆風亂飛?!你會如何看待這樣的孩子？

孩子與惡

河合隼雄的《孩子與惡》，帶領讀者從孩子的角度與需求，深度思考所謂的「不當行為」，究竟是一種惡，還是想要告訴大人們什麼成長訊息？書中列舉了如偷盜、攻擊行為、謊言、性、霸凌……等——只要出現在孩子身上，「為了孩子好」，大人即二話不說開始進行圍堵、撲滅、消毒——的「惡」。

惡的出現，也代表孩子的自我在萌芽時，想要從突破框架中感受到自己的獨特性：我不是大人意志的延伸，也不是未滿足期待的替代品，更不是父母無法真誠面對自己人生的遮羞布。要看見獨特性，要能自立、站穩腳步，孩子需要破壞現狀。

基於「維護現狀」，大人會在孩子「出現一點壞行為」時，便鄭重宣布那是一種不可接受之惡，並基於「不可違抗之善」用力打壓。殊不知，在這行為下面蠢蠢欲動的，是好奇、是自主性的萌芽。例如很多母父經歷過的，孩子帶著笑容摔玩具。那個笑容是愉悅的，卻因為搭配了「破壞行為」而被一些大人解讀為「故意亂丟東西還笑，很壞」，而孩子發出的「把桌上東西拿起來，用力丟下去，發出巨大聲音……哇！我好大力氣、好強的手勁」

這個訊息卻被漠視了。

一歲時如此，當十二歲進入青春期時，大人會如何看待孩子含苞待放的生命力呢？是否許多隱藏的、想要成長卻青澀的訊息，一再被忽略？

「惡」無可避免的是孩子的一部分，不難想像當他們無法面對完整的自我，只能以「被大人標籤化」的方式認識某些部分時，成年後的他們是否能夠接納完整的自己？（請參閱本書〈欣賞自己的「每一部分」〉）。

有父母的信任，逆風也可以茁壯

我們可以把社會對「孩子的惡」的恐懼與擔心視為「逆風」，孩子無須、也無法閃躲。像老鷹一樣逆風高飛是種境界，可遇不可求，但我相信**當父母能直視「孩子在困境中掙扎以找到自己」的需求，並賦予充分的信任時，孩子在逆境中也能茁壯，長出屬於自己的力量。**

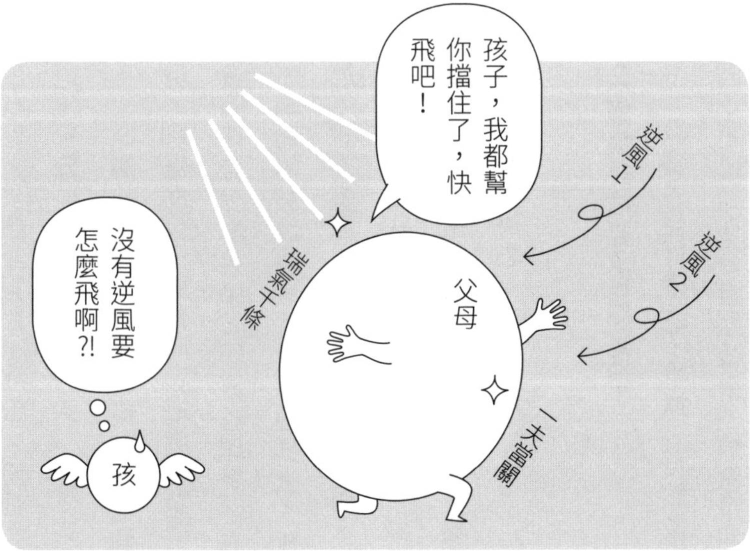

「所以？做錯事說一說就好？反正小孩一定會做錯嘛，出大條事了就說『他很乖，一定是被帶壞了』?!」

當然不是，出來混總是要還的，成長痛的痛仍是真實且須付出代價。以下三個大原則供各位參考，不痛無效喔：

1 孩子要的是善惡兼備的你

孩子需要的是「你」，不是一位戴著「母親／父親面具」的你（請參閱本書〈教養的力量從哪兒來？〉）。真實的你，生命中曾經的低點、失誤、犯錯、痛悔、弭補、改變，在沉澱過後，都會是孩子成長的絕佳養分。

我國中時在文具店偷東西被逮個正著，回家也被用羞辱的方式教訓一番，只差沒被扭送警局，這個汙點跟了我很久。一直到大學開始，長期在教會陪伴青少年，接著學習心理學、成為助人工作者後，才能充分同理孩子「明知不該以身試法還躍躍欲試，抓到後雖知羞恥但滿口謊言」是什麼狀態：想要刺激、覺得自己無所不能、想被權威肯定又需要同儕注意、重視物質……當這些全部混攪一起時，一個小衝動就能釀成大禍。也因此經驗，我知道要非常嚴肅的面對類似行為，並讓孩子看見我的同理，還有要他們付出相對代價的決心。

2 謹慎評估要承擔的後果

教養界盛行讓孩子承擔「自然後果」，雖然每個人對自然後果的定義不同；不過即使是自然後果，通常得在母父的「允許」下才有被孩子體驗到的可能。因此無論自不自然，父母在「孩子承擔後果」這檔事上是有重大影響力的。

孩子應該承受什麼樣的後果？如何承受？父母要不要插手？都是學問。例如，經常在遊樂場看到男孩們互毆，除非某一方看起來是在少林寺練過，否則我會先觀察；但有些大人的作法是馬上介入、以呼喊選舉 slogan 般的氣勢宣告「不可以打人」，並接以秋風掃落葉般的算帳、懲處。

不敢說自己的作法比較好，但讓兩個體型、力量相近的中班孩子小K一下，不會造成大傷害（這裡需要現場的謹慎評估），但他們會透過「你打我、我就打你」的自然後果，充分體驗到「攻擊、暴力與情緒」、甚至與他們價值觀的衝撞。這個充分體驗，能帶給我和孩子後續許多交流的題材，「惡的經驗」將會有不同層次的意義。[3]

3 如果孩子是「每天都在打架」，建議尋求專業第三者（例如：專業在兒童行為的心理師、小兒科醫師），透過觀察、遊戲等方式更深入了解孩子的行為。

3 看見隱藏在不當行為下的需求

簡．尼爾森博士在《溫和且堅定的正向教養》一書中，運用阿德勒教育理論指出，孩子的不當行為背後有著錯誤信念：孩子以為只要持續不當行為，就可以獲得歸屬感。當你以為孩子在胡搞時，他的目的卻是在解決問題、消除自己不舒服的感覺。例如，她要你放下電話，陪她畫圖。此時能幫助孩子的不是懲罰，而是被理解、及學習更有效的方法以達成目的。

母父們請不要僅停留在批判孩子的表面行為，而是相信他們的本然，只是正透過惡的形象表達出來。直接看見、滿足孩子的需求，他們將有能力改變自己的行為（請參閱本書〈看見背後需求的雙眼〉）。

用生命力帶來的創意，與孩子一起看見可能性

這一篇放在本書尾聲，是因為我們正在經歷生命的轉化，願意相信遇到

問題時不需要回到舊有模式裡。陪伴孩子的惡是條異常辛苦的道路，但這是母父的使命、甚至是親職真正的價值所在。孩子需要在你的蔭蔽、賦能及信任下，體驗好體驗滿善與惡，並練習為自己的行為負責。

我認識一位母親，她的童年充滿暴力與忽視，她也用同樣的方式對待第一個孩子。當她覺醒、成長後，採取了一個大膽、但非常有創意的方法：讓當時高一的孩子休學。

「蛤？休學在家打電動療傷？」

她和孩子一起參加各式各樣的心靈成長課程，學習互動分享，練習不認同但尊重對方的觀點……最重要的是，開放自己感受、對彼此表達愛與感謝。這個攜手成長的歷程不但療癒了曾破碎的親子關係，也嘉惠了她和次子的互動，間接溫潤了婚姻，並在一次次的修復與重建中，找到自我。

相信正在、已經成長的我們，能用不一樣的眼光經驗人生，帶著幽默感與創意，和孩子一起探索生命豐富的可能性。

更好，是要多好?!

「請放過自己，妳已經是夠好的母親了。」

這句話是近年來的媽媽療癒金句，時不時就會在網路文章探出頭來，撫慰娘親們鬱悶無人知的心情。是啊娘親們，可曾有一時片刻落得清閒、心無掛慮「放給他去」？光是對孩子的擔心所產生的毒性壓力，就讓人白髮三千絲啊！一句「妳夠好」，不但直指內心的恐懼，更道出母職似乎永遠沒有做好做滿的一天的無奈。只是，媽媽們經常在被療癒的下一秒，轉頭，與「現實」四目交接時，不得不立馬踏上永遠不回頭的生活追趕跑跳碰。

走上自我成長之路，接納自己的內在小孩、探索原生家庭、珍愛自己的脆弱……面對漸漸打通任督二脈的自己，我們歡喜迎接；但當「母親」這個角色上身時，排山倒海的壓力仍不自覺洶湧逼近，媽媽們可以做個不夠好的自己，但難以接受不夠完美的母親。要達成自我成長的圓滿俱足，最有可能橫擋在面前的終極難關，正是親愛的自己。

孩子，我童年沒有的，加倍給你

現在三十五到四十五歲這一代，我們的母父是所謂「戰後嬰兒潮」。戰後嬰兒最缺乏的莫過於資源、金錢，他們的前半生幾乎是為了拚經濟、把握任何可以賺錢的機會而活。他們可能被剝奪求學的機會（無論家中能力許不許可，尤其是女性），被要求全職擔負家務，甚至被人看不起。成為父母，在我們這一代身上，他們極力滿足物質、生理上的需求，為的是讓我們過得好、被尊重，他們也有面子、走路有風。

有一好沒二好，我們這一代雖然享受父母胼手胝足、辛勞血汗的經濟成

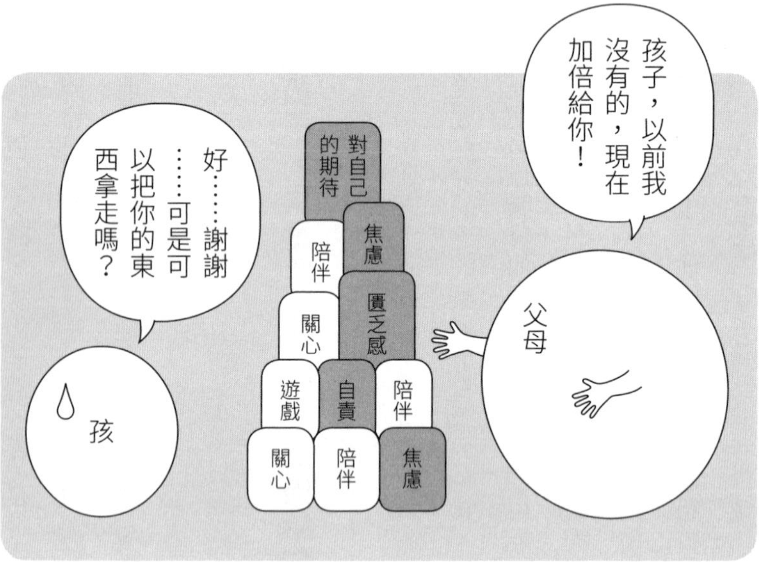

果，卻鮮少感受到心理、關係上的照顧。親情雖然緊密，卻顯得空洞；想要靠近，不知如何保持距離。這也許是時代的遺憾：努力不讓過去的痛苦在下一代複製，卻仍顧此失彼。現在我們成為了父母，生理、經濟的需求不但沒有任何鬆懈，還加上無極限的心理照顧。我們傳承了上一代最深切的心聲：孩子，當初我們沒有的，爸爸媽媽要加倍給你。

台大教授藍佩嘉即指出[4]，台灣中產階級父母普遍有一種「失落童年」的想法，無論是小時候家裡沒有能力給予資源，長大就狂送自己的孩子學才藝；還是自幼功課壓力過大，現在想給孩子一個輕鬆快樂的童年。我們總覺得自己的過去不夠好，或者說，我們無法不聚焦在自己「沒有的」，想盡辦法要讓孩子「有我們沒有的」。這種因遺憾與害怕而用力補償的教養，很難不耗損。

理想的樣貌，無法一蹴可幾

藍教授也指出[5]，許多父母相信怎麼教小孩都好，「就是不要跟我爸媽一樣」。從小被體罰，就絕不體罰自己的孩子，更加碼不吼叫；從小每科要一百分，自己孩子只要有寫作業就是讚；童年時情緒無人聞問，面對自己孩

4 見蘇岱崙，〈藍佩嘉：中產階級父母為何如此焦慮？當教養陷入彌補失落童年的遺憾〉。網頁如下：https://www.parenting.com.tw/article/5077610-?page=1。

5 見藍佩嘉，〈新世代教養挑戰：不想跟我爸媽一樣！〉。網頁如下：https://www.parenting.com.tw/article/5073513-/?page=1。

子，要蹲在路邊陪他哭半小時也甘之如飴。

為了理想的樣貌，有人開始相信：

「沒有壞媽媽，只有懶媽媽。」

「沒有教不會的小孩，只有不會教的父母。」

「為了孩子，沒有最好，只有更好。」

只要願意，孩子就能與眾不同；只要再多撐一下，孩子哭夠了就大大減少情緒受創的可能；只要繼續找方法，孩子一定能多吃一口；有人可以不打不罵不獎賞不懲罰，我做不到一定是我少看了什麼書。如果我不一直努力、不義無反顧地衝衝衝，怎麼對得起孩子？

曾幾何時，我們的愛與付出，和另一半組合出每個家庭各自的樣貌，卻需要接受成敗的檢核？一套套理論、專家建構出來的「教養的標準」，我們是否要逼自己無條件向前看齊？有多少可能，一個母親、父親，可以跳開原生家庭，夫妻溝通和諧一致，優雅順暢地攜手創造理想的教養與家庭？我們要如何可以用力造成文化斷裂，不受文化脈絡影響、社會習俗的演進，硬要來個一夕變天、堅信自己可以一蹴可幾？

親愛的，可以看見自己已經跨出好～～大一步了嗎？這一大步背後所付出的，不亞於任何比你更接近理想家庭的人所付出的（如果真有所謂理想家庭的話）。雖然離理想還有點差距，可以嘗試接受那不會是你的問題，就讓這個差距「如其所是」嗎？

下一步踏得是否紮實，取決於這一步的真實

認為自己不夠好，通常是我們表現出「他人不認同」的行為時，例如對孩子大吼大叫。我認識的許多內（自我成長）外（教養方法）兼修的母親，也很難對於吼孩子一事能輕鬆放下。畢竟即使孩子有些行為真是讓人氣結，

但被吼的感覺肯定是糟糕透頂，何況我們還不斷告誡自己「不要跟爸媽一樣」。

當我們怒吼時，感受肯定是很糟的，也許帶著被傷害的感覺，可能是給自己過高的期待，堅持著要達到什麼標準、想要做到理想的樣貌。我們深知自己愛孩子，所以才認真，才緊逼自己。但如果我們的目光始終停留在「糟糕的行為」（這個例子即是「吼孩子」）上時，很容易感受到更多的無助與愧疚，無法自拔的亂想自己是如何的差勁，又再一次嚇到孩子、再一次不能做到理想的育兒姿態。

這時父母的自我價值不良好，因為我們無法改變現實。孩子心裡苦，說也好不說也罷，都不能代替他們苦。似乎只能等待適才的火藥味煙消雲散，時機成熟時再來嘗試連結，打掉重練。

如果這時願意換個角度，先關照自己脆弱的自我，看見自己求好心切、愛孩子的心。**接納自己可以犯錯，承認在大吼的當下我們是軟弱的、需要被溫暖的照顧**。現在我們可以照顧自己，也許透過呼吸，或到 LINE 上跟好友抱怨、懺悔、哭餓一番。可能我們的力量回來一點了，足夠讓我們可以帶著愛去探索，自己卡住、在剛剛無法面對的點是什麼？這個點是孩子的問題，還是該從自己著手？能否重訪這本書裡介紹的概念、作法，重新調整步伐，好好牽起孩子的手？

可以體會出兩個「自省模式」的不同嗎？一個聚焦在行為，急切想要找出更好的行為，並得到孩子或其他家人的認可；另一個關照自己的內在，相信出於愛的力量與豐盛資源，再回到現實問題解決的步驟。也許我們都覺得自責、都跟孩子道歉懺悔，但負向與正向態度上的差異，將影響我們下一次發生的頻率與強度，及與孩子修復的溫度。

我們可以選擇衝衝衝，但切莫忘記，當撞得頭破血流之時，請停留在自己「已經很好很好的真實」裡，即使行為不好，但你仍舊是好得無比。然後，帶著你的高自我，懷抱著充盈的希望感，我們再走一次。

附錄

成長的故事

五位媽媽的故事，我們沒有套招，卻有很多呼應。醜爸沒有天眼通能算盡天機，而是此書主角本就非我、非心理學理論上的必然或應該，更非最火最潮的當紅議題，是我多年和母父們互動下的心路足跡。每一篇，都可能是你的日常；每一個日常，都是這本書關心的主題。

五位媽媽的故事是真實的，你的也是。生命的難題之所以難，很多時候是因為覺得孤單。當我們投向身邊摯愛的親友，正準備傾訴委屈時，才發現他們早已拔腿想逃，因為他們也被壟罩在同樣的生命難題裡，自顧不暇。也許有點諷刺，但素昧平生的人，有時還真如大海浮木、救命繩索。緊抓不放並非解答，只要獲得喘息、重整身心，找到屬於自己的方向，身邊摯愛的親友仍是一生的陪伴。

盼望在生命中感到孤單的時刻，我們都可以是任何一位陌生人的浮木繩索，成就彼此能在屬於自己的陪伴中，找到幸福。

浴火，重生？——Jamie的故事

Part I

以為帶孩子雖然辛苦，但仍是粉紅泡泡充滿生活。怎知孩子才一歲，媽媽已心力交瘁。親職課程是我身心靈放鬆的時段，充電、反思的泉源。一次次的淚崩中看到了與孩子間的問題，其實來自童年的匱乏，或是一代傳一代的信念糾結出的無意識反應。慢慢地有能力穩住自己，拿捏和孩子的相處原則，而非似以往找不到安心踏實的著力點。

從此過著幸福快樂的生活？那人生這齣戲怎麼精采可期？

Part II

孩子進入幼兒園，我也回歸職場，一家慢慢適應新的作息。每週有三天請假提早下班趕接孩子。接著為了讓小主廚可以大（保）顯（持）身（忙）手（碌），晚餐從昨晚的備料，到構思如何快速上菜又可以讓小童吃得開心、兼顧各種營養，對我來說實屬不易。不只我、小童也期待爸爸回到家給予肯定，和我們分享日常點滴。

通常劇本的轉折起伏就是從這開始，我們家也不例外。

一家之主進門，忙碌母子剛吃完飯，還沒開始整理環境，正進行開心吱吱喳喳的聊天時光，馬上被剛下班的臭臉打斷。帶著疑惑及關心問對方：

「你吃晚餐了嗎？」

「嗯！」

直覺告訴我，這個人在不爽、又不說在不爽什麼！內心想著：「我忙接小孩、煮飯也很累，為什麼還要承受這些？」避免自己腦補，繼續提問：「是因為家裡很亂，你不開心嗎？我們剛吃完飯，等會就把東西收好。」對方回答：「沒有」，卻伴隨刻意重放物品的聲音，我也聽見自己理智崩落：「那現在是怎樣，東西不能好好放嗎？摔什麼摔啊！不想收就不要收啊，莫名其妙！」

童年父親的摔門、吼叫聲在身體烙印下的直覺防衛被勾起，我用高八度的聲音宣洩不快。而對方男性的自尊，慣性的自我保護讓他一語不發、卻也透露心聲：好像怎麼說都不對，算了，還是別說吧！

溝通斷裂。

我心中、眼中的家，暗灰了起來。覺得先生不懂體諒，做那麼多也沒什麼意義。都用了父親做為反指標擇偶，還是落的這般下場。灰濛濛的背景，碰上一丁點其他挫折，想放棄的念頭，無限循環。

Part III

這段期間，剛好參加醜爸的薩提爾系列，看到這樣的我，來自於童年渴望被愛、被肯定的小女孩（擦眼淚）。她想要按自己的步調把事情做好，而非在父母的壓力下，為了避免暴怒，戰戰兢兢達到他們想要的樣子。先生回到家不悅的臉色，把那擔心害怕的小女孩瞬間位移到現在的時空。

看到自己的脆弱，認真哭完心中的委屈、陪伴著自己：對方是因為不愛我、想傷害我而臭臉嗎？臭臉是在指責我嗎？還是他有他過不去的議題？至此，防衛的機制也慢慢褪下，家中的塵害好像沒那麼嚴重了，可以看見亮光。

某晚一樣的情節再次上演，整理好自己的情緒，平靜地攤牌：「你這樣臭臉，對家裡的整潔、甚至婚姻都沒助益……你可以想想看，未來要怎麼走。」孩子入睡後，帶著平穩、非指責姿態如實陳述對先生臭臉的感受，接著請他回想，是否小時候家中不夠整齊乾淨會招致責備？以致現在回家看到整潔不如預期，會不自覺有壓力、生氣？

「可以不用回答，但我想告訴你，這是我們的家，不會再有人因為東西沒有馬上歸位而不開心，我們帶著〇〇（孩子名）一起整理、照顧這個家。我懂你的下意識反應，我的童年也有些不愉快的經驗，謝謝你一直以來的陪伴接納。」

這是數個月來第一次和平的討論。即使過程中先生有不同意見，我也能完整聽完，再核對彼此想法。最後，我問身旁的男人還有沒有什麼想說的？他轉過身來：「對不起，我之前真的沒想到那麼多。」那麼多什麼？這不重要，因為通常這時候鏡頭就會跳到別的地方了。重要的是，我們能夠看到、且如實的接納彼此。

我們總是逃避負面情緒，但負面的情緒「不好」嗎？也許藉由情緒看到自己的狀態，經由練習整理、覺察內在而做出合適的調整。感謝生活中的關卡讓我更深層的認識、陪伴自我，以及醜爸在自我成長課程中的引導及協助覺察，慢慢婚姻中摸索彼此舒適的相處。帶著寬裕的心靈空間，容納下個生命中的衝擊。
再站穩、前進。

時刻覺醒，與自己和孩子和好——Amy 的故事

一直以來，凡事全力以赴是我最自豪的特質，因此面對媽媽這個角色，我更是小心翼翼網羅各家資訊，想要教養得宜又擁有親密的母女關係。

老大在嬰兒時期完全不適用朋友極力推崇的規律作息育兒，極度敏感的她，對周遭人事物的感受反應極大，表現出來的是黏人、易哭，及彷彿無止盡的奶睡和夜奶。做不到書上的方法加上長輩的質疑，產生極深的挫折感，讓我在孩子有情緒時無法憑觀察、直覺和自信安撫她，取而代之的是更多焦躁和自責。

為了處理高敏感，我不但無法接納、反而企圖改造她。公園人多她害怕，我強迫她要溜幾次滑梯才能回家；上體操課以增強她的感覺統合，即便每堂

課都在哭。我回應她的是責罵而非鼓勵，她看似接受我的教養，成為別人眼中所謂乖巧的小孩……直到小一在英文課，老師指控她有不當行為，並暗示我她霸凌其他孩子，還故意與老師作對。那一夜，我的心好痛：用盡一切力量想要教好孩子，為什麼是這樣的結果？

因著這事件，我開始參加醜爸的讀書會。第一本書不是談教養，而是原生家庭。我看到自己對母愛的渴望，因而如此在乎和女兒的關係。我接納母親在成長過程中曾給我的心傷，不再期望神化的母親角色，也放下我曾高高在上的姿態，開始與女兒道歉、和好。才發現原來我也有和她一樣的敏感特質，但過往的生存經驗讓我習慣偽裝成強者，忽視那些痛苦。原來我無法接納自己的軟弱，不能對自己的失敗釋懷。當親職成為我的「工作」，女兒的一舉一動皆與我的「成就感」連結時，便失去柔軟與彈性。

接著參加薩提爾工作坊，更深的認識自己內在的渴望，也學習看到女兒的冰山。我練習讓她是她，我是我，我們既有某部分相連，卻又是截然不同的獨立個體。隨著女兒漸長，除了生理照顧，學校的課業和人際問題也經常帶給我們新的挑戰。與同學衝突了，母性想保護孩子的念頭立即衝出。我學習趕緊剎車，處理自己的焦慮，陪伴她並觀察何時需要伸出援手。孩子考試遇到挫折，恨鐵不成鋼的心情雖然與她無干，但卻不小心化成語言傷害孩子，孩子敏銳的感受到我的不接納。但感謝日常培養的信任，她可以直接向我抗議，而我也自知理虧坦然接受，真誠道歉。

這兩年持續參加讀書會，和同學們一路互相支持鼓勵著，是即使在自我成長及育兒之路跌倒時，站起來也不至迷路的關鍵。我也慢慢了解，原來我先接納自己，孩子才能自在的長出美好的原貌。

轉身後的幸福——Anna的故事

懷孕，是母親們人生的重要里程碑，我也不例外。孕期我滿懷期待，完成保母專業課程並考取證照。拿到證照的瞬間，開心到以為育兒絕對難不倒我，從此和孩子一定過著幸福快樂的日子。

孩子呱呱墜地，開啟全職媽媽的日子。從萌萌的嬰兒到搖搖晃晃的學步兒，這期間是快樂的，卻也累積少許的挫折，開始感到保母證照不夠用。於是又開始學習蒙特梭利及華德福學齡前課程，邊學邊跟孩子練功。

某個春季日常下午，孩子正值二歲多的不要不要時期，他的哭鬧聲讓我極不耐煩，但我卻非常壓抑自己的情緒。剎那間，腦中閃過一雙小腿、不斷被鞭打的小腿，滿是傷痕。殘忍的畫面好清晰、震撼，驚嚇指數破表！停頓了幾分鐘，抱起孩子，打開電視，我呆坐在沙發上陪他。

為什麼會有那個畫面？

我從來沒打過孩子啊?!

那畫面代表什麼意思？

想要狠狠打孩子一頓?!

在打罵家庭長大的我，跟自己說絕不重蹈上一代的覆轍，怎麼腦海會出現那種畫面？我到底怎麼了?!

同年夏秋之際，參加一系列由諮商心理師帶領的父母成長課程。某次課後，正想要向老師請教那個「被鞭打小腿」的畫面時，話尚未出已淚流不止。那場傾盆大雨般的眼淚，開啟了我與老師的個人諮商旅程。

突然我驚覺到，關於「養育小孩」，還有許多未知與尚待學習之處；而過去幾十年在職場上呼風喚雨，那些累積的經驗與成就，一切如同被施了魔法般消失無蹤，無人在乎。那我還剩下什麼？回不去以前的自己，未來又該是如何樣貌？還好始終旺盛的好奇心與勇氣，驅動我又開始學！學以前想都沒想過的育兒、心理、感覺統合、自我成長……不僅習得知識，更帶給我自信與力量。

過程當然不會一帆風順。以為已經破關有成，卻每每在與孩子天人交戰之際，才發現得學會承認自己的沒辦法、看見自己的脆弱、接受令人討厭的無助感。原來我不是萬能的，要是沒有孩子，才不可能想學這些，因為在我固有的世界裡，就是要不斷、勇敢地撐過去，哪可能承認自己的「不能」。

而且當學會些什麼來陪孩子，為他們撐出安全探索空間的同時，又得面對長輩的質疑、外人的詢問，甚至是路人的建議及偶爾的批評，但誰能為媽媽我撐起喘息的空間？我又怎能知道可以撐過每一場戰役，還是會倒下去？又要如何相信，現在做的是對的，這樣做是有價值的？也許永遠找不到答案，唯一確定的，是現在我和孩子並肩而行，大手牽小手的度過每一關。

孩子是我的鏡子，雖然不惑之年要改變大不易，但只要看著孩子每一階段從摸索到成熟，自己也不禁被鼓舞，進而更肯定自己。也因為孩子，我選擇轉身跟自己的原生家庭溝通。不知道這段旅程會持續多久，盡可能允許自己慢慢找回完整、充滿力量的自我。過程有淚、滿是糾結，但當我專注在未來的可能性時，便有能力跨出堅定的下一步。

永遠沒有夠好的一天，從現在開始欣賞自己——Yu的故事

我是Yu，晚婚，一子一女。

童年的缺憾讓我致力成為完美的母親，經常閱讀、吸收各路教養祕訣，教養專家說的話能朗朗上口並執行，旁人對我的評價是用心且很有愛的母親，我以此為傲。兒子跟我同樣是高敏人，先生跟公婆大嘆難搞，我卻能同理並順著毛摸，常想「這世界沒人懂你沒關係，媽媽懂。」然而懷女兒期間風雲變色！產前憂鬱非常嚴重，產後即決定請育嬰假。雖然如此，仍很有信心認為照顧小嬰兒哪有什麼困難……沒想到妹妹和哥哥的個性截然不同，無法使用在哥哥身上很ok的教養方法，失控的焦慮感在心裡油然而生。

例如，哥哥食物泥吃得嚇嚇叫，妹妹則完全不買單，每次餵餐就是一場耐力賽。在挫折感（費心製作的辛苦）與焦慮（成長曲線 15%）雙重打擊下，每天都很鬱卒。直到一歲開始帶她出門上課，在某位長輩以完全接納的態度傾聽我在餵餐所遇到的問題後，才猛然頓悟給自己的壓力如何影響母女關係。當天晚上跟先生提起，倔強的我承認是多麼感到無力，也說起童年的我經常被親戚笑說「黑搭散」（閩南語又黑又瘦）和被逼吃飯的痛苦。先生拍拍我、一貫幽默地說：「但妳還是長成這麼大隻啊！」我回：「真的，我們是不是根本不用那麼煩惱?!」

「妳已經做很多，辛苦了。」他說完這句，我終於釋放出壓抑已久的情緒。心情平復後，思緒也變得清晰：她不愛食物泥的口感，卻很愛啃食物。我改變餐點，讓她跟著我、模仿我吃，用餐氣氛轉為愉悅。不久她發現吃的樂趣，現在已是小吃貨一枚了。由此我學到跟隨她的節奏體驗生活，給她空間練習與發揮，而且女孩兒的療癒指數很高，我習慣防衛的心也日漸柔軟。

從兩個孩子截然不同的育兒經驗中，我學到開放與彈性，也種下日後走上自我成長之路的種子。

女兒滿兩歲不久，我和好友A發生些問題，和親人訴苦抱怨的過程中，突然領略類似難題已不是第一次發生，像好友A這樣的角色一直出現在生命中。不禁思索這一切的源頭似乎是來自我，或說，來自多年來放在身後、不想面對也自覺無法面對的原生家庭課題。然而這次不同，從孩子身上學習到轉變的可能後，我展開行動。

搜尋許多課程，決定參加醜爸的「初探薩提爾講座」後，也陸續報名好幾個醜爸主持的線上讀書會，正式走上自我成長的修行之路。開始覺察到心裡的匱乏感是如何在人際、夫妻、親子間產生影響。在原生家庭，我無意識、竭盡所能的給，藉此得到母親的回應來肯定自我；親子關係裡，女兒出生前我仍是不斷給兒子；人際間我努力成為一個給得了的朋友，朋友求助總是義不容辭，朋友說的話每句都放在心上。

我假裝擁有那些受歡迎的特質，代價是長期忽略與壓抑自己的感受：以對方的反應為依歸，內心終究是空虛不實。同時也希望對方用一樣的方式對待我，漸漸在關係中走向失衡與窒息的狀態。只要自覺我無法再付出時，看似穩固的關係遂即崩解。崩解呼應了我的自應預言：「Yu，看吧，這根本不可能！無論怎麼付出，妳都不能擁有幸福！」無止境的自我批判，強烈「不夠好」的低自我價值感，我經常憂心未來，覺得人生沒有目標。

踏上成長之路我終於看見，這些看似因果的連結，其實來自對於強大孤獨感的恐懼。害怕被遺棄、被漠視，驅使我努力再努力，因為相信不努力就會被拋棄的感受，來自於內心「我不夠好」的聲音，心底狂喊：「給我愛啊！」同時也有另個聲音嗚咽著：「我好累啊！」反反覆覆，看不到盡頭。

現在，我開始了正念和對自己好奇的練習。當感受出現時與它共處，它便無法淹沒與吞噬我與他人連結的能力，便能允許自己對事情有更多元的觀點，再經由「我訊息」的方式表達需求。同時不忽視身體給的訊息，覺得累了，不強迫自己，能做就做，能放下就放，不能放就拿著，也不批判自己。這一切練習都是關愛自己，讓內心不再衝突，兩方聲音都得到關照，自己也更常處於平靜狀態，安然於當下。

卸下眾人的期待，尋回真我——

Karen 的故事

開始參加醜爸的讀書會，是因為處在很深的無助與絕望中需要一根浮木，就像落海的人連一根雜草也會用力抓住。雖然很在乎工作成就，但深知自己無法兼顧工作和對親密親子關係的渴望，懷孕後便決定辭職、在家帶孩子。這個決定不久後卻讓我覺得自己迷了路，在人生的座標上徹底失去方向。

接連生完第二胎，婚姻觸礁、婆媳關係緊張，在不鼓勵表達情緒又威權的娘家，更是報喜不報憂。身軀筋疲力盡又內在乾涸的情況下，覺得自己需要一個可以喘息和抒發的管道。自幼學校教育與家庭教育都只在乎學業表現，完成學業即理所當然投入工作，但關於情緒、人際關係、生命的熱情、甚至關於自己，這一切我是多麼的無知與陌生。因此辭去工作後，我只知道自己要「當媽」，卻無法定義自己，也不知道如何在日常裡找到快樂。

如果只會讀書、工作，卻完全無法和自己連結、與生命共振，這樣的我可以給孩子什麼？就這樣，即使一堆懸而未決的問題，但想要成為可以快樂引領孩子探索的母親，讓我像塊乾旱已久的荒地，積極的吸收任何我能接觸到的養分。

隨著一本本書上的文字敲進內心，一次次與醜爸的作業討論，及其他媽媽們的真誠分享，我嘗試梳理自己的情緒，重新學習處理人際關係，並練習畫出更合宜的界線。慢慢鬆綁多年於內在不斷上演的衝突，一步又一步的靠近陌生已久的自己。我逐漸感受到內心愈來愈寧靜自在，也愈有能力不再把期待放在無法掌握的人與事上。我看到希望，來自更多探索自己及享受和自己連結的快樂。

這過程也同時療癒了內在小孩。我發現懂得靠近並溫柔對待內在小孩，才能把學到的教養知識內化成自我的一部分，與孩子互動時便自然展現出來。過去在育兒日常中，我時常焦慮緊張，想要掌控一切，害怕外在的人事物會對孩子的教養有不良影響。在一次與醜爸的作業討論中，開始領悟到「我如何回應」這個不完美的世界，才是影響孩子最深最廣的。我開始嘗試降低焦慮，也期許自己能和感受相處。當我感到自在而寧靜，教養孩子時便能以更有創意的方式進行，或能站在一個更高的視角看待事情，以平穩的情緒面對孩子的需求。

母職雖然艱難，但也讓我重新成長，體悟到生命的本質與美好。我要面對的挑戰還太多，現在能做的，盡量提醒自己深層的呼吸和覺察身體，穩住情緒、努力與孩子的內在連結。可以在充滿孩子嘻笑、吵鬧、哭泣與我的叨唸聲中，滿足地度過一天又一天的日常。

跋——什麼！用明朝的劍斬清朝的官?!

「用明朝的劍斬清朝的官」是電影《九品芝麻官》的經典台詞，當飾演清朝八府巡撫的周星馳拿出尚方寶劍要替天行道時，赫然發現原來那把劍來自明朝崇禎皇帝！都已經改朝換代這麼多年，即使貴為尚方寶劍也無用武之地，更別說替天行道了（還是看不懂？問先生有沒有追周星馳電影）。

類似「拿舊觀念／方法面對新時代」的現象，我們應該都不陌生，尤其長輩在「諄諄教誨」時最為常見。當他們用盡心血、甚至一生的期望都壓在孩子身上，孩子也不負眾望拿到學位、換了個歐美思想或是習得日本精神後，卻希望孩子「選擇性的」表現出傳統價值，好似我們可以隨心所欲運用所學到行為、甚至人格的不同面向裡。最簡單說，孩子就是要表現出他們喜歡的樣子！我相信大部分的長輩有其思想、情感、習慣上的限制，但這限制造成許多齣家庭諷刺劇：我用盡資源栽培你，但我卻不想看到我栽培出的你。

我們這一代的母父會不會重蹈覆轍？相信你跟我一樣斬釘截鐵：門都沒有！去吃土吧！但如果人類的意志力如此管用，世上也不需要心靈成長書籍了（主編表示醜爸你說太多了）。無論如何，我們的腦袋瓜總是沒日沒夜地想著：我該給孩子什麼？讓孩子學什麼？我應該、需要影響他成為什麼樣的人嗎？我現在提供的教養、教育，究竟對一二十年後的孩子是加分、還減分？

你的成長就是最美的解答

記得大學時教授們正襟危坐的警告我們：現在時代變動史上最快，你們別再混了！沒想到只有更快，沒有最快。人工智慧、創新能源、奈米科技、無人駕駛、川普當選……世界變動之劇烈、之無法預測，讓人相信「唯一可以預測的是無法預測」可說是二十一世紀最高指導原則。

在這個指導原則下，母父們不但要小心自己的限制阻礙了孩子的發展，還要注意即使我們再怎麼潮、再如何能跟上時代，可能都無法提前為孩子準備些什麼。父母好像有很多特別的事可以做，也似乎做什麼都可以。

「啊我知道啦～醜爸你就是那種快樂學習、不要給小孩壓力派的啦！」

教育武林那麼小，分門別派太傷感情。既然無法預測，要說填鴨學習、壓力升學就肯定是錯誤，父母被無條件定罪，也有待商榷。況且身為父母，在孩子還沒有能力揭竿起義之前，要提供何種形式樣貌的教育給小孩，旁人也無權置喙。學才藝也好、當學霸也罷，更關鍵的，是提供教育者自身的準備：

對孩子，是否能覺察原生家庭帶給你的不切實際期待？

內在小孩的未滿足渴望，是否模糊你看見孩子當下需求的能力？

孩子所謂的不當行為，真的是道德上錯誤，還是你對某種人格特質有根深蒂固的偏見？

這三個問題分別是本書〈探索「原生家庭」的影響〉、〈看見背後需求的雙眼〉、〈鬆動內在規條，開啟改變的可能〉的主題核心，且這本書的每一篇，都嘗試在邀請你探索一個生命中的重要面向、主要課題。我相信，當我們願意真誠開放的面對這些課題，我們給孩子的教育，都會是他們未來活出自我的無價養分。

不只是孩子，我們也可以飛！

其實十幾二十年後孩子是圓是方、張飛還廖化、大鵬展翅或小雞啄米，都已是他們各自的造化。但經過一番寒徹骨的我們，帶著重新整理的內在資源、靈敏的覺察與飽滿的生命力，成就的不只是無與倫比重要的親職角色，也紮紮實實裡裡外外更新了自己。除了陪伴孩子飛，我們人生的舞台也正精采熱鬧呢！

國家圖書館出版品預行編目 (CIP) 資料

父母的第二次轉大人：放下「好爸媽」的偶像包袱！透過情緒覺察撫平脆弱與憤怒，轉化育兒難題，看見陪伴的各種可能性！／陳其正作 .-- 初版 .-- 臺北市：麥田出版：家庭傳媒城邦分公司發行，2019.03

面； 公分 .--（麥田航區；8）

ISBN 978-986-344-632-3（平裝）

1. 育兒 2. 兒童心理學 3. 親職教育

428.8　　108002068

麥田航區 08

父母的第二次轉大人

放下「好爸媽」的偶像包袱！ 透過情緒覺察撫平脆弱與憤怒，轉化育兒難題，看見陪伴的各種可能性！

作者	陳其正（醜爸）
責任編輯	張桓瑋
國際版權	吳玲緯　蔡傳宜
行銷	艾青荷　蘇莞婷
業務	李再星　陳美燕　杻幸君　馮逸華
副總編輯	林秀梅
編輯總監	劉麗真
總經理	陳逸瑛
發行人	凃玉雲
出版	麥田出版 104 台北市民生東路二段 141 號 5 樓 電話：(886) 2-2500-7696 傳真：(886) 2-2500-1966、2500-1967
發行	英屬蓋曼群島商家庭傳媒股份有限公司城邦分公司 104 台北市民生東路二段 141 號 11 樓 書虫客服服務專線：(886)2-2500-7718、2500-7719 24 小時傳真服務：(886)2-2500-1990、2500-1991 服務時間：週一至週五 09:30-12:00，13:30-17:00 郵撥帳號：19863813　戶名：書虫股份有限公司 讀者服務信箱 E-mail：service@readingclub.com.tw
麥田部落格	http://blog.pixnet.net/ryefield
麥田出版 Facebook	https://www.facebook.com/RyeField.Cite/
香港發行所	城邦（香港）出版集團有限公司 香港灣仔駱克道 193 號東超商業中心 1 樓 電話：(852) 2508-6231　傳真：(852) 2578-9337 E-mail：hkcite@biznetvigator.com
馬新發行所	城邦（馬新）出版集團【Cite(M)Sdn. Bhd】 41, Jalan Radin Anum, Bandar Baru Sri Petaling, 57000 Kuala Lumpur, Malaysia. 電話：(603) 9057-8822　傳真：(603) 9057-6622 E-mail: cite@cite.com.my
封面設計	陳采瑩
內頁排版	陳采瑩
印刷	沐春行銷創意有限公司

2019 年 3 月 5 日 初版一刷
定價 350 元
ISBN 978-986-344-632-3